发现设计

——城市活力规划

样本解剖

代阳

机械工业出版社
CHINA MACHINE PRESS

本书针对当今城市风貌趋同和城市活力匮乏的通病，以城市街道空间作为切入点，解读城市空间活力的提升策略。选取城市空间活力问题比较突出的寒冷地区，针对这一特殊地域展开对城市空间优化设计和活力提升策略的阐述，并将理论研究与大量的国内外实际案例相结合，让读者更直观地理解书中的主要观点和内容，期望城市空间活力问题能够引起有关政府、专家和同行的更多关注。

本书适合于建筑、城市规划和景观设计人员，对于相关专业的高校师生和研究人员也有一定的参考借鉴意义。

图书在版编目（CIP）数据

发现设计：城市活力规划样本解剖/代阳著 . —北京：机械工业出版社，2020.5

ISBN 978-7-111-64874-1

Ⅰ.①发… Ⅱ.①代… Ⅲ.①城市规划 – 建筑设计 – 研究 Ⅳ.①TU984

中国版本图书馆 CIP 数据核字（2020）第 033649 号

机械工业出版社（北京市百万庄大街22 号 邮政编码100037）
策划编辑：薛俊高 责任编辑：薛俊高 刘 晨
责任校对：刘时光 封面设计：张 静
责任印制：孙 炜
保定市中画美凯印刷有限公司印刷
2020 年 4 月第 1 版第 1 次印刷
148mm×210mm・5.625 印张・157 千字
标准书号：ISBN 978-7-111-64874-1
定价：35.00 元

电话服务 网络服务
客服电话：010-88361066 机 工 官 网：www.cmpbook.com
　　　　　010-88379833 机 工 官 博：weibo.com/cmp1952
　　　　　010-68326294 金 书 网：www.golden-book.com
封底无防伪标均为盗版 机工教育服务网：www.cmpedu.com

　　当今城市风貌趋同和城市活力匮乏问题已经成为很多城市的通病，街道是人们社会生活发生的重要场所，是提升城市活力的关键所在，本书以城市街道空间作为切入点，解读城市空间活力的提升策略。首先，城市需要丰富的空间活力，城市空间容纳着人们大部分的社交生活，人与城市空间始终处于一个积极、良性的相互作用过程中，本书以人的情感需求为出发点重新构思城市空间的活力提升策略。其次，本书选取城市空间活力问题比较突出的寒冷地区，针对这一特殊地域展开对城市空间优化设计和活力提升策略的阐述，并将理论研究与大量的国内外实际案例样本相结合，让读者更直观地理解书中的主要观点和内容。最后，本书受上海工程技术大学学术著作出版专项资助，以建筑学的视角，系统阐述城市空间活力提升的多元化思维，针对我国现有国情具有普遍的指导价值和关系民生的应用价值，期望城市空间活力问题能够引起有关政府、专家和同行的更多关注。

　　本书通过大量的调研样本探讨了城市活力提升的策略，主要分为三个部分：上篇是城市空间活力的设计理论解读，人是城市的主体，人不但是城市的设计者和建造者，更是城市的使用者和更新者，人本价值的理论核心正是以人为中心，突出人的主体地位，关切人的生存状态，满足人的综合需求，关注人的个性发展，以人的运动特点、感知体验和心理感受为设计基础，同时结合寒地城市独特的地域特点，提出城市空间活力的设计新倾向。中篇是环境活力导向下的空间优化设计，以创造安全、舒适、愉悦的步行环境为宗旨，通过了解人在寒地城市环境中的行为需求，构建具有强烈行为归属感的寒地城市步行空间尺度、具有良好行为体验感的寒地城市空间界面、具有行为庇护感的寒地城市室外空间以及可提供行为扩展的寒地城市地下空间，提出能够促进城市活力提升的空间环境优化策略。下篇是城市空间的人文活力提升，以人的情感需求为出发点重新构思基于地域特色的寒地城市活力提升策略，在着重提升冬季活力的同时兼顾夏季活力的强化，以寒地城市的冬季资源和地域文化作为城市活力的激发点，加强休闲活动的活力催化、地域文化的活力激发、本土景观的特色打造以及公共设施的人文活力改善。

本书将对指导我国城市空间设计实践具有一定的参考价值。一方面，加深设计者对城市空间中人的利益和需求的综合理解，从而有助于设计者在创作中有的放矢，确立正确的设计目标和使用恰当的设计手法；另一方面，提出寒地城市的地域性特色在城市空间活力提升中的应用策略，为创作实践提供方法论支撑，同时为城市规划和建设管理中各决策层及规划部门的工作提供参考，使城市空间活力的建构和发展步入良性循环的轨道，走上健康与可持续的发展道路。

笔者自攻读研究生阶段开始涉足城市设计研究领域，本书是在笔者的博士论文基础上进行整理和深化，得到的一个阶段性研究成果。感谢我的导师梅洪元教授给予我的指导和帮助，无数次让我在混沌中豁然开朗，继续前行；感谢徐苏宁教授、李玲玲教授、周立军教授、付本臣教授、陈剑飞教授、张向宁教授的悉心指导；感谢朋友和家人的关爱和支持；感谢上海市设计学 IV 类高峰学科资助项目《发现设计——城市活力规划样本解剖》-DA19406 的支持；感谢机械工业出版社在出版过程中给予的大力支持和精心安排，在本书即将付梓之际，致以衷心的谢意。

由于城市活力提升是一个极其复杂的课题，而笔者在理论和实践方面还非常浅薄，相关内容的研究仍然在继续，学无止境，将继续不懈努力。本书从开始动笔到最后完稿，虽经反复斟酌和推敲以力求精益求精，但错漏之处仍在所难免，敬请各位读者不吝批评指正。

代阳

2019 年 12 月

目录

第1章

概　述

　　现代化的发展给现代城市及建筑带来了广泛而深刻的变革，城市空间与建筑空间这两个空间层次有了更多的相似性。城市街道是组成城市结构的线性开放场所，是城市中最有活力的部分，容纳着人们大部分的社交生活，因此，我们可以把城市街道看作城市中开放的建筑空间，在城市和建筑的空间活力建构中扮演着重要的角色。

　　本书选取寒地城市这一特殊区域的城市活力规划样本，具有鲜明的地域特色，其受到特殊的气候因素、社会因素、经济因素和技术因素的影响，呈现出独特的发展历程和空间特色，同样也暴露出诸多问题。针对当今城市风貌趋同和城市活力匮乏的通病，以城市街道空间作为切入点，回归城市设计的本原，充分尊重人的主体性，关注人的利益和需求，解读城市空间活力的提升策略，提供创新性的视野。

1.1　城市空间活力的地域制约

　　寒地城市是根据城市所在地域的冬季气候特征所定义的一个比较笼统的概念，泛指冬季漫长、年平均气温偏低、地理纬度较高、气候相对严酷的城市[1]。根据国际寒地城市协会的统计，世界上至少6亿以上的人口具有在冬季气候中生活的经历。我国的东北地区基本处于严寒地区的范围之内，寒地城市数量之多和所占地域面积之广，迫使我们需要对寒地城市空间活力进行更多的关注。气候条件是寒地城市街道发展的首要制约条件，以哈尔滨为例，该市每年月平均气温低于 −14℃ 的月份有三个月以上，冬季室外温度持续偏低，达不到人体舒适温度，并时常伴有寒风和降雪等恶劣天气（图1-1）。严酷的冬季气候特征给城市人们的

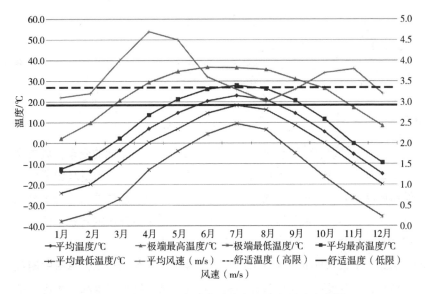

图 1-1　1971—2000 年哈尔滨全年温度和风速变化图

户外活动带来了诸多不便，寒冷的冬季气候问题成为摆在寒地城市活力面前的重要挑战。近些年来，随着城市设计和建筑技术的不断发展，人们开始不断探索寒地城市空间与气候的关系，如何才能突破寒地城市的地域制约，给行人创造较为舒适的冬季城市街道空间环境，激发城市活力，是有待解决的重要问题。

1.1.1　冬季漫长的寒地气候

寒地城市的冬季持续时间长达六个月，城市街道作为重要的室外活动空间，其一年中有近一半的时间要受到寒冷气候的影响，根据2011 年中国城市统计年鉴和来自中国气象局国家气象信息中心的1971—2000 年气候平均数据，对我国主要寒地城市的气象资料进行了对比总结（表 1-1），由于气温偏低，冬季降水主要以冰雪的形式出现，结冰的路面严重影响行人的出行安全。如果清除不及时，就容易造成交通拥堵和行走困难等问题，尤其对于身体行动不便的老年人，极大地限制了他们的出行活动，冬季出行对交通工具的依赖性更强，导致很多老年人在整个冬季几乎都不敢出门。对于普通行人，街道上的积雪和冰层也严重降低了步行速度，同时增加了事故的发生概率，人们走在街道上总是小心翼翼。寒冷的气候影响了人们对出行的基本需求，出行安全受到威胁。

表1-1　我国主要寒地城市气候概览

城市	所属省份	地理位置	一月平均低温/℃	市区面积/km²	市区常住人口/万人
哈尔滨	黑龙江	45°45′N 128°39′E	−23.9	7086	587.89
牡丹江	黑龙江	44°35′N 129°34′E	−23.2	2588	93
佳木斯	黑龙江	46°47′N 130°19′E	−24.0	32900[总面积]	82
伊春	黑龙江	47°43′N 128°50′E	−29.1	36400[总面积]	127.59
大庆	黑龙江	46°35′N 125°06′E	−18.5	5107	164.98
鸡西	黑龙江	45°17′N 130°58′E	−21.0	2234	116
齐齐哈尔	黑龙江	47°21′N 123°55′E	−23.7	4365	141.51
长春	吉林	43°53′N 125°19′E	−19.7	4906	487.65
通化	吉林	41°43′N 125°56′E	−20.1	745	50.69
四平	吉林	43°09′N 124°21′E	−18.4	740	61.38
吉林	吉林	43°50′N 126°32′E	−17.3	3636	197.58
沈阳	辽宁	41°47′N 123°26′E	−16.1	3495	605.06
本溪	辽宁	41°18′N 123°46′E	−16.9	107[建成区]	95.13
辽阳	辽宁	41°16′N 123°10′E	—	4743[总面积]	185.87[总人口]
抚顺	辽宁	41°52′N 123°57′E	−20.1[章党镇]	714	138.36
阜新	辽宁	42°01′N 121°40′E	−15.9	10445[总面积]	193[总人口]
呼和浩特	内蒙古	40°50′N 111°44′E	−16.8	17410[总面积]	400.9[总人口]
通辽	内蒙古	43°39′N 122°14′E	−18.8	59535[总面积]	317[总人口]
赤峰	内蒙古	42°15′N 118°53′E	−16.3	90275[总面积]	451.8[总人口]

另外，影响街道中人体舒适度的气候因素主要包括温度、湿度、风速、太阳辐射及蒸发散热等，其中太阳辐射和风速大小是直接影响人体热感觉的重要因素。寒地城市街道在冬季里更是面临着强风和缺乏日照等问题的挑战，给街道活动带来了很大的阻碍。以哈尔滨为例，最冷的月份平均气温为 −19.4℃，极端最低气温为 −38.1℃，年内气温变化幅度较大，气温年较差（最热月与最冷月平均气温之差）为 42.2℃，在冬季风的影响下，会加剧人的寒冷感受。冬季里接受太阳辐射可以有效地提高街道环境中的温度，而寒地城市的冬季太阳高度角偏低，太阳辐射在街道上的范围也大大缩小，各种不利的气候条件造成了寒地城市街道的设计挑战。

1.1.2 差异显著的季节变化

由于寒地城市的冬季温度较低，城市街道绿化在冬季基本消失，行道树、绿篱和花坛等给街道带来美化作用的景观设施都不复存在，加之白雪覆盖整个城市，更是遮挡了城市街道往日的生机，使寒地城市街道在冬季呈现一片孤寂的景象，因此，寒地城市街道在夏季和冬季的形象呈现明显的不同。寒地城市夏季凉爽的天气适合人们在街道上逗留聊天，城市街道在绿茵的映衬下成为人们室外活动的良好去处（图1-2）。而到了寒冷的冬季，天气的变化和街道形象的变化将人们拒之千里之外，使人们被迫选择在室内活动；缺少了人们的各种街道活动，寒地城市街道的冬季形象更显得有些了无生气，缺乏活力（图1-3）。

寒地城市街道在冬季时节绿化景观的缺失，以及街道景观设施利用率几

图1-2　寒地城市街道的夏季景象

乎为零的现象，严重影响
了寒地城市的整体活力；
同时，城市街道的空间环
境对行人的关注甚微，如
何提高冬季城市街道的使
用率，同时更多关注使用
者的感受，如何通过合理
的设计提升冬季街道活
力，并给行人提供更舒适
的冬季活动空间，是值得
思考的突出问题。

图 1-3　寒地城市街道的冬季景象

1.1.3　极度匮乏的冬季活力

　　寒地城市的夏季凉爽，人们享受在街道中的惬意生活，而在寒冷的
冬季，室外环境恶劣，行人在街道中的感官舒适度下降，不愿在街道上
驻足，街道活动频率骤然下降，这给寒地城市的冬季街道生活带来极大
的影响。寒地城市的冬季不仅气温极低，而且时常伴有大风天气，加剧
了行人不舒适的感官体验，街道中的行人大多步履匆匆，不会在街道中
逗留、休息或观赏景观等，街道设施使用率几乎为零，冬季的街道顿时
失去了往日的活力，显得空荡荡的。

　　冬季城市街道白雪覆盖，呈现一片萧条的景象，行人大多选择在阳
光充足的中午时间在街道中聚集，其余的大部分时间还是喜欢在室内活
动，怎样提高行人的冬季活动频率，让人们积极自发地参与到街道生活
中，是非常值得我们思考的问题。寒地城市街道受到气候等不利因素的
制约，目前大多都是以消极的方式在进行应对，被迫接受现有的外界环
境。因此可以通过合理的设计手法，主动利用寒地城市街道中特有的地
域资源，突出城市的品牌特性，主动应对冬季的气候挑战，激发寒地城
市街道中的冬季活力。

▌1.2 城市空间活力的问题反思

随着近几十年来我国城市化的快速进程，寒地城市空间也有了空前繁荣的发展，城市开发区中建设了大量宽阔气派的街道，城市里的老街区也旧貌换新颜，一时之间寒地城市的面貌有了翻天覆地的变化。与此同时，寒地城市在快速发展中也不可避免地暴露了一些问题，值得我们进行深刻反思。

1.2.1 生搬硬套，忽视地域特征

城市街道是体现城市形象的重要窗口，我们对一个城市的第一印象往往就来自于对街道的感觉，不同地区的城市拥有不同的气候条件、经济条件、社会条件以及文化条件，受到这些条件的综合影响而形成的街道景观特征应该是迥异的。但是，在快速的城市化发展中，有很多寒地城市的街道在建设的过程中，往往忽视地域差异，把一些南方地区的街道景观生搬硬套到寒地城市中，或者是将国外的一些街道实例照搬到寒地城市中，起到了适得其反的效果。

寒地城市主要集中于我国东北地区，在城市形成之初受到殖民文化的普遍影响。例如，由中东铁路的兴建而发展起来的城市哈尔滨，其早期主要受到沙俄和日本等殖民地文化的影响，欧式建筑风格的街道成为哈尔滨的时代烙印，也因此获得了"东方小巴黎"的美誉，独特的欧式风格彰显着哈尔滨城市街道的地域特色。再如沈阳的殖民文化是由1904—1905年的日俄战争而起，沙俄、日本侵略者相继入侵沈阳，圈占了以沈阳为中心的"南满铁路附属地"，沈阳的很多重要街道雏形也由此而来。但是，几十年过去了，很多寒地城市街道面貌并没有随着时代的发展而变化，在很多新建的街道中，依然生搬硬套地沿用原有的欧式风格，使整个城市的街道中充斥着各种山寨的欧式建筑，不仅不能体现一座现代城市该有的气息，更让人们无法解读这种泛滥模仿的美感所在。

1.2.2　大拆大建，忽视文化延续

近些年来我国北方城市更新的速度加快，很多寒地城市都进行了大规模的改造，改造旧有街道的面貌可以给人们提供更加舒适的街道环境，这原本是件好事，但是由于寒地城市在改造过程中往往都是大拆大建，将原有的街道生活和文化全部破坏，让城市的记忆完全消失，忽视了文化在城市空间中的延续，是一种不可取的城市空间改造方式。城市空间中承载的历史文化遗产是不可再生资源，在改造中却遭到了人为的不可逆转的破坏，将历史的痕迹在街道中彻底抹去，尤其是对于寒地城市街道，它们是在特定的历史时期和社会背景下产生的，街道记录着城市发展的点点滴滴。

在寒地城市中，这种街道空间的大拆大建现象比较普遍，例如，寒地城市的老城区街道比较宽敞，不同于国内其他历史悠久的古城，在街道的两旁是中西合璧的独特街景，在国内比较罕见（图1-4），哈尔滨在 2007 年和 2010

图1-4　改造前的哈尔滨道外区街道

年分别对中华巴洛克建筑群集中的街道进行了两轮的保护和更新工作，拆迁面积 15 万 m^2，共计 3100 户。但是，工程建设方并没有按照专家审核的更新方案实施，他们将街区肆意拆除，将原住居民搬到城市郊区生活。哈尔滨道外区原有的银行、医院、药店、旅馆、饭庄、货币交易所、浴池、照相馆和杂货铺等老字号都被迫挪走，这里的居民和老街所承载的百年历史也随着消失不见，剩下的只是空洞洞的建筑。老街上的建筑被拆得伤痕累累，大多只剩下沿街的一面墙，用聚氨酯发泡粘接的预制构件小壁柱和花饰，以及硬塞上去的塑钢窗，让

原本生机勃勃的街道变成了一条"死街"（图1-5）。改造后的街道空空荡荡，很少有人走过，偶尔有些剧组在这里拍戏，这里已经变成无人问津的道具布景。这样粗暴的街道改造方式，割断了居民、街道和百年历史的关联，使街道中的物质文化遗产和非物质文化遗产都随之陨落。

图1-5　改造后的哈尔滨道外区街道

1.2.3　被动发展，忽视主动刺激

　　城市街道是城市生活的容器，它不仅承载着交通功能，更重要的是作为城市公共户外交流空间，给人们提供更多的驻足、聊天和活动的空间。尤其对于寒地城市街道而言，气候是阻碍人们进行街道活动的不利因素，应该通过更加丰富的街道空间设计来吸引行人驻足，并给行人创造更多的交流机会。但是，物质需求、开发建设、科技发展等人为活动破坏了长久以来维持的地表气候环境平衡，机动车的大量使用改变了人们的生活环境[2]，目前的寒地城市街道往往更多地关注街道的视觉形象问题，而忽视了街道的本质功能和街道生活环境的营造，被动式地随着交通需求而发展。很多昔日的繁华街道都为了城市交通的拓展而被拆除，重要街道以美化城市建设为口号，被不断拓宽，甚至占用了人行道和街道绿化的空间，挤压了行人的活动空间并降低了空间质量，使人行空间中的安全感和舒适感进一步降低。取而代之的是现在宽阔的立交桥和高耸的混凝土大楼，像一把把利剑，将城市街道割裂开来，变成了今天这般冷冰冰的街道景象（图1-6）。

　　应该通过科学合理的设计，使城市街道成为人们各种活动的发生器，提升城市空间活力，让地域因素不再成为阻碍寒地城市街道发展的障碍，主动面对发展中遇到的种种问题，例如：冬季寒冷而不适合户外

图 1-6　城市街道生活的变迁
a) 原本的街道　b) 拆迁的街道　c) 城市立体交通

活动，经济条件相对落后制约了街道物质条件的改善，技术条件不足导致的街道发展相对滞后，等等。在不断更新硬件条件的同时，也应该从软件条件入手，通过不同层次的活动设计，将街道中的不利因素转化为有利的特色因素，激发更多的人参与到街道生活中，给予寒地城市空间更多的人文内涵。

1.3　城市空间活力的设计创新视野

如果把城市比作人体系统，那么街道就是人体的血脉，组织贯通了整个城市的外部空间系统，时代的进步发生着翻天覆地的巨变，但是不论街道中的建筑、设施、景观或是交通工具如何变化，人始终是街道使用的主体。进入 21 世纪后，纵观世界各国最新制定的城市设计导则，总体上是朝着以人为本、步行或自行车等友好的方向发展的[3]。近些年，以受众为主的设计理念在各个领域里得到了广泛的提倡，即以人的感受作为一切价值的出发点，以人的尺度去衡量事物，使人感到安全、舒适和愉悦。对寒地城市空间而言，目前还普遍存在着对人性化设计的概念认识不足和对城市地域性的忽视等问题，仅仅是把人性化设计当套话来讲，没有真正地落实到寒地城市的具体设计中。本书通过反思寒地城市建设以往出现的问题，从受众角度出发，结合城市活力规划样本解剖，对寒地城市空间活力的提升进行较为详细的探讨。

寒地城市由于经济技术条件和意识观念的落后，目前在城市空间设计中对受众的关注程度比较薄弱，真正做到具有人性化内涵的设计是凤毛麟角。本书从受众的创新视角出发，分析人在寒地城市空间中的需求和感受，进而引导城市设计向更加科学合理的方向发展。扬·盖尔通过对人的活动特点进行分析归纳，在《交往和空间》一书中总结了对公共空间的三点要求：第一，为必要性的户外活动提供适宜的条件；第二，为自发的、娱乐性的活动提供合适的条件；第三，为社会性活动提供合适的条件[4]。街道是城市中的重要户外公共活动和交往空间，它既要满足人们的生理需求，保障一个安全舒适的步行环境，又要兼顾人们的心理需求，创造一个可以享受乐趣的交流空间，实现人们在情感和尊严上的满足，真正让人和街道形成一个和谐共生的系统，因此，通过对受众需求的分析，将寒地城市空间活力设计内涵归纳为以下三点。

1.3.1 满足受众的生理需求

人最基本的需求即生理需求，在城市环境中亦是如此，其包括行走在街道上的安全性需求，尤其是寒地城市街道的冬季降雪和结冰现象，使街道上的防滑问题显得尤为突出。另外，还包括城市街道上的微气候环境对人体感官知觉的影响，寒地城市街道的冬季气候恶劣，街道的防寒、防风和防雪都要进行合理的设计，同时，寒地城市街道要尽量在冬季获得更多的太阳辐射，并兼顾夏季的防晒设计，从多角度入手给行人创造感官舒适的微气候环境。

1.3.2 满足受众的行为需求

人在城市空间中除了需要得到安全可靠的保障，还应满足各种活动的行为规律，城市街道不仅是人们的步行空间，更多的是街道作为人们室外活动场所的功能意义。寒地城市街道夏季天气宜人凉爽但十分短促，人们十分珍惜这样的好天气，应尽可能增加街道行为发生的频率和多样性，提升城市空间活力。冬季天气寒冷且漫长，应挖掘地域特色，鼓励和刺激人们的街道行为，对街道空间进行合理庇护，多层面改善寒地城市的冬季街道环境，给城市活动的发生提供可靠的保障。

1.3.3 满足受众的情感需求

人在城市空间中更高层次的需求来自于受到尊重和自我实现，是一种人与城市空间的共融而引发的互动情感效应。寒地城市独特的气候和文化背景使其具有强烈的地域色彩，人在其中寻找属于自己的情感归属，应着力于城市空间的冬季特色活动挖掘和品牌建立，弘扬历史文化和人文精神，建立城市空间和人之间的心灵纽带。

在物质条件逐渐提高的当下社会，人们对文化和情感的需求也日益上升，寒地城市的居民对良好城市环境渴求的呼声也越来越高，以往那种只能满足交通功能的城市街道已经不能满足现代居民的生活需求，人们现在更加注重在街道中的生活品质，希望创造更加具有文化气息、生活气息和地域特色的现代城市街道，盼望着昔日街道生活的复苏和更加多样化的现代街道生活模式。受众对城市空间的各种需求之间存在相互联系和制约的关系，我们的最终目标就是将这些复杂的因素进行重组，从受众的角度进行科学合理的分析，创造满足人们需求的舒适的寒地城市空间环境，提升寒地城市空间活力。

上篇
城市空间活力的设计理论解读

第2章
人本价值的理论解析

▌2.1 人本价值的发展演进与本质属性

2.1.1 人本价值的追本溯源

人本价值是中华民族传统文化中倡导的基本理论，早在先秦时代，周武王提出"惟天地万物父母，惟人万物之灵"，这是我国关于人本价值概念的最早记载。在我国古代，老子提出了"天人合一"的思想，是人本价值理论的突出代表，他强调人化与物化的统一，即人与自然的和谐统一，满足人们物质和精神的双重需求，是一种辩证的和谐观。

在西方国家中，人本价值理论的最早萌芽发自"人是万物的尺度"这一概念。人本价值理论的真正起源是在欧洲的文艺复兴时期，人文主义倡导者强调人权高于神权，反对封建专制和神权统治，主张思想自由和个性解放，肯定人是世界的中心，提倡以人为本位[5]。在人文主义时期，达尔文从生物学家的角度，提出人依赖于自然界，需要和自然界和谐相处。而后哲学家费尔巴哈继承了文艺复兴时期的人文主义思想，并首次提出了"人本主义"的哲学概念，成为19世纪以后乃至现今的西方人本主义哲学思潮的起源，其主要内涵包括以人作为世界的中心和尺度，高度肯定人的价值，并充分强调了人在社会发展中的重要性和决定性作用，主张通过人的自我认识、自我完善以及自我创造去完成个人的发展过程，通过人的内在需求去实现对客观事物的改造。此后，在工业社会时期人本价值理论得到了进一步的发展，研究学者将人本价值与政治、经济、社会和文化相结合，对其进行了更加详细的论述，马克思认为，人的活动是对象性活动，要正确处理人与自然的关系，人要把自身的需求同自然界规律联系在一起，确立了人在客观世界中的重要地位和作用（表 2-1）。

表 2-1　人本价值理论的追本溯源

时间	代表人物	人本价值内涵
中国古代	老子	天人合一，人化与物化的高度统一
文艺复兴时期	人本主义倡导者	肯定人是世界的中心，提倡以人为本位
人文主义时期	达尔文	人依赖自然界，人与自然要和谐相处
文艺复兴后期	费尔巴哈	强调以人作为世界的中心和尺度
工业社会时期	马克思	确立人在客观世界中的重要地位

另外，在哲学领域内存在关于人的"理性论"和"非理性论"的观点，很多哲学家都提出了不同的看法，对人本价值理论的形成具有较大影响。黑格尔认为人是被理性支配的工具，理性是支配一切的上帝，他的观点推崇理性哲学，试图用理性来实现人的最大自由化，结果却适得其反，促使工业技术取代了人的主体地位，使人成为理性主义的奴隶。继"理性论"的失败之后，"非理性论"逐渐发展壮大起来，其主要代表人物罗素提出，人的智能扼杀了本能，剥夺了人的自由，人还存在着很多非理性的问题，例如自由意识、情感道德、心灵认知和潜意识等，这些都是理性论所无法解决的问题。哲学家尼采提出人要突出自我，反对扼杀自由，他的观点为 20 世纪的"非理性论"思潮提供了价值观念的基础。哲学家弗洛伊德以其开创的精神分析学派来提供研究人的本能和潜意识的新视角，开发了"非理性论"研究的新契机，强调人的主体性和主观性。哲学家马斯洛在其观点中强调人作为个体的情感、尊严和自我成长，突出了个人的主体体验、自由选择、创造和责任等。另外，西方的"非理性论"观点和我国的道家哲学思想有很多异曲同工之处，老子用"道法自然"的自然来定义人生观，主张人与环境的和谐共处，从哲学的角度体现了人本价值的真谛（表 2-2）。

表2-2　人本价值的哲学背景

代表人物	主要观点	对人本价值理论的影响
黑格尔	人是被理性支配的工具	通过理性实现人自由的最大化
罗素	人的智能扼杀了本能	理性主义无法解决人的非理性难题
尼采	突出自我，反对扼杀自由	突出自我的非理性思潮
弗洛伊德	开创人的本能、潜意识新视角	强调人的主体性和主观性
马斯洛	强调个人及其尊严和成长	突出人的主体体验、自由选择和创造
老子	道法自然	主张人与环境的和谐相处

从价值观的角度来讲，人本价值反映了价值论上的本位概念，即以人为价值主体，其代表了一种价值原则和价值取向，是一切客体事物发展变化的基础[6]。随着人类社会和科学技术的进步和发展，在基本的物质生活得到满足的基础之上，人们开始追求更高等级的需求满足，追求自我价值的实现。人本价值理论的产生是在人本思想的影响下，挖掘人的生理、行为和情感需求，发现人内心深处的真正渴望，正逐步影响着社会的各个领域。

2.1.2　人本价值的当代阐释

经历了长期的发展和演进之后，人本价值的理论研究体系逐渐确立，并成为普遍被认同的价值原则，其强调人的重要性和根本性，在对客观事物进行价值评估的过程中，必须要考虑人的要素，不能舍本逐末。在当代学术领域中，不同的研究视角对人本价值的理论内涵具有不同的见解，主要包括如下几方面。

首先，从价值论的角度入手，林德宏教授认为人本价值是指人的价值高于一切事物的价值，人具有最高的价值属性，并强调人的能动性，人具有依靠自身努力来改造客观世界的能力，着重体现为价值主体对客体的一种作用形式。其次，从哲学理论的角度入手，夏甄陶教授认为人本价值是贯穿整个世界的一项根本原则，人是客观世界的根本，人具有特殊的主体性，其需求和愿望应该得到合理的尊重。再次，从历史发展观的角度入手，王锐教授认为人是社会历史发展的根本，人是社会生活的创造者，一切社会生活都受到人本价值的指导和制约。此外，黄楠森教授从处理问题的态度和方法角度入手，认为人本价值是解决一切问题的根本态度和方式，更是最原始的出发点和最终的落脚点，并对人的社会主体地位和作用加以肯定。

结合众多学术研究的观点，笔者认为人本价值的主要内涵包括以下三点：第一，人本价值是一种以人为本位的价值论，人在社会发展中具有主体地位，并不断推动客观世界的发展和更新；第二，人本价值强调对人的理解和尊重，人需要得到关爱和支持，人的利益需要得到保障；第三，人本价值强调价值产生的基本前提是客体满足主体的需求，把人作为客观事物发展的最高价值取向，作为社会、经济、技术发展的根本出发点。

2.1.3　人本价值的构成要素——主体需求与客体属性

在价值关系中，价值主体与价值客体具有相辅相成的关系，价值客体为价值主体提供能够满足其需求的条件，而使价值主体获得需求的满足，二者之间存在着密切的联系[7]，结合前文对人本价值理论的缘起和内涵分析可知，构成人本价值的两个基本要素即主体需求和客体属性。

对于本书研究的对象寒地城市空间而言，价值客体即城市空间本身，而价值主体就是城市空间的使用者——人，人本价值导向下的寒地城市活力探讨应该以作为价值主体的人为设计的出发点和归属点，通过满足人们不断提高的各种需求来对寒地城市空间进行优化和改善，达到尊重人、服务人、理解人和关心人的目标，进而对寒地城市空间活力提升中存在的诸多问题进行合理的改善，使人本价值在寒地城市活力的构建和发展中得到充分的体现，其涉及环境学、社会学、心理学和人体工程学等诸多领域，应以挖掘和关注人的内心深层次需求为出发点，结合多种设计手法，满足人们在更高层面上的需求和渴望。

丹麦设计师 Nana 曾经提出："功能主义仅是设计的开端"，在现实设计中，还有很多的因素需要考虑，人本价值更多关注的是人们的切身体验和情感需求[8]。设计师要有意识地对使用者的感官渠道进行干预，例如人的视觉、触觉、听觉、嗅觉和味觉等[9]，要将使用者的这些信息进行整合重构，最终形成使人感觉舒适愉快的设计。当我们将人本价值理论引入到寒地城市空间活力构建中，要注重人的感受与自然、环境和社会等因素的关系，使人的感受能与地域气候和社会文化相协调，以人为本位作为衡量当代寒地城市空间活力的重要指标，开辟当代城市活力研究的新视野。

2.2 人本价值导向下的需求层次释析

对人本价值理论的产生与演进过程进行深入分析后，不难发现人本价值理论的核心思想是尊重人的主体性和满足人的需求，因此，在对人本价值的内涵进行更加深入剖析之前，首先应该对人的需求进行层级解读，进而探索人在城市空间中的需求到底是怎样的，很多学者针对这个问题进行了相关研究，其中对本书比较有启发性的研究是以美国心理学家马斯洛的人类需求等级层次解析和丹麦学者扬·盖尔的行为特点层次解析，笔者结合寒地城市的自身特性，对人的不同需求层次和室外活动特点进行了比较翔实的分析和归纳。

2.2.1 人的需求层次释析

关于人的需求层次，美国心理学家马斯洛在《存在心理学探索》一书中，将人类需求基本分成了两大类，即基本需要和成长需要。基本需要是指人不可缺少的普遍的生理和社会需求，成长需要是指由人自身的健康成长和自我实现趋向所激励的需要。在这两个大的分类之下，又分为七个次级需要，其中基本需要包括：生理需要、安全需要、归属和爱的需要、尊重需要。成长需要包括：认知需要、美的需要和自我实现需要（图2-1）。

1. 生理需要

生理需要是维持人生存的最基本需要，是人的各种需要中最基本、

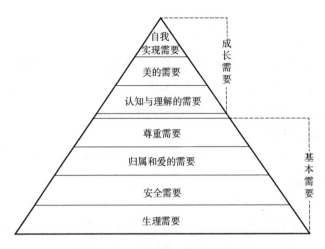

图 2-1　马斯洛的需求等级[10]

最原始的需要，应该予以优先满足。在现代社会中，大部分人的生理需求是可以得到满足的，此后，人们才会去追求更高层次的需求。

2. 安全需要

安全需要是人希望拥有安全和稳定的环境，当人的生理需求被满足以后，人就渴望能有一个相对稳定的环境，不会受到意外事故的干扰，能够确保一个有秩序的活动环境。

3. 归属和爱的需要

归属和爱的需要是指人对于朋友、家庭的需要，对受到组织和团体认同的需要，希望和周围的人有着友好的关系，这种需求得到满足后，人在环境中就会有归属感，感到温暖。

4. 尊重需要

尊重需要是人对自身的尊严和价值的追求，人从别人的尊重中得到认同感和自信，当这种情感上的需求被满足后，人会觉得自己是有价值、有能力和有成就的人，会感觉到愉悦。

5. 认知与理解的需要

认知与理解的需要是指人想了解周围事物的一种欲望，人通过认识和理解周围的环境，可以获得安全感和受尊重感，是一种自我实现的表达方式。

6. 美的需要

美的需要是人对视觉和行为上完美的需要，处在不同文化环境中的人，有不同的认知需要、意动需要和审美需要，当人的这种需要得到满足的时候，会使人感受到乐趣并陶冶情操。

7. 自我实现需要

自我实现需要是人对环境的最高标准的追求和愿望，自我实现可以开发出人的潜在能量，并且不断得到发展，使人能够更加充分和全面地认识自己，获得充分的满足感。

在人的各种需求中，成长需求依赖于基本需求而存在，在外界环境不能满足人的基本需求的情况下，此时成长需求也是不可能的，当外界环境满足了人的低层次需求的时候，人才会进一步对高层次的需求有所渴望。因此，在研究人体需求的时候把它们分成不同的层级，会更加有利于满足人们更多更全面的需求。马斯洛在对人体各种需求之间的关系问题上指出，个人需求结构的演进不像间断的阶梯，低层次的需要不一定完全得到满足才产生高层次的需要，在大多数情况下，人体各种需要的发展是一种波浪式、连续的、重叠的演进过程（图2-2），可见，人的需求层次是处在一定秩序下的相互影响和交融的状态。

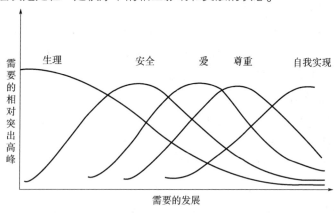

图2-2　需求层次的演进[10]

2.2.2 人的行为层次释析

城市活力来源于人的丰富行为，人处在城市空间中的行为具有多样性和复杂性，在城市环境较好的时候，人们喜欢在街道中驻足、聊天和会面，甚至自发地组织一些聚会或活动，但是当城市环境恶劣时，人们可能只是在街道上匆匆路过，不想停留，甚至根本就不选择步行。关于人在城市空间中的行为方式与特点，国内外很多学者都进行了相关的研究，其中比较有代表性的是丹麦学者扬·盖尔在《人性化的城市》一书中，从人的活动特征出发，将人的活动特点分为三个层次，分别为必要性活动、选择性活动和社交性活动，系统地诠释了人在城市公共空间中的活动特征（图 2-3）。在对寒地城市空间中行人的行为特点进行解析时，本书亦根据行人活动的必要性等级，对特定气候地理环境下，人的行为特点进行分析和研究。

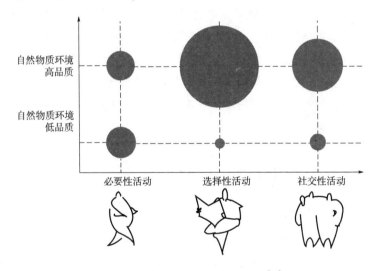

图 2-3 环境对人的行为特点影响[11]

必要性活动即人们普遍从事的活动，例如由于学习或工作原因到达某个目的地或等候公交车等，这种类型的活动，不会受到室外自然环境好坏或是街道环境优劣的影响，在任何情况下都是会发生的街道活动。

对于城市中的必要性活动，由于其发生的必然性最大，因此应更加重视行人的必然性活动的舒适性，努力创造更可靠的城市环境质量和更好的街道微气候环境，以此提升人们冬季出行的安全性和舒适感。

选择性活动即人们可能喜欢的、可选择的娱乐活动，例如在城市中散步、看报纸、坐在街道边享受阳光或是停下来看看城市中形形色色的人群等，街道中行人的选择性活动受街道环境质量影响比较明显，当寒风暴雪来临或是街道混乱嘈杂的情况下，这种类型的活动会受到严重的影响。一个城市是否具有活力和吸引力，很大程度上取决于城市空间中选择性活动的多少，设计者应考虑如何在满足必要性活动之余，邀请更多的人在城市空间中发生选择性活动，以此来提升寒地城市的空间活力。

社交性活动即人们各种形式的交往活动，需要其他人的加入和参与，例如行人在街道上会面、聊天、打牌、玩耍或参加感兴趣的聚会等，城市中的社交性活动主要取决于人们所处的环境是否有活力和生气，让行人的活动从被动式接受转化为主动式参与，这样才能使城市空间中产生更多交流的机会，激发行人自发地参与到城市生活中。优秀的城市空间应当是邀请更多的行人在此驻足，参与到城市活动中，在体验街道生活的同时也积极地扮演着街道中的角色，使整个城市成为一个沟通交流的特色大舞台。

2.3 人本价值内涵的三元解构

通过对人的需求层次和行为特点的分析，结合城市中人的行为层次分析，对人本价值的内涵进行深入剖析，以满足人在城市空间中的多方位需求，并将人的需求进行了层级划分，由初级到高级依次递进，它们分别是生理需求、行为需求和情感需求，它们之间呈现一种相互并列和相互促进的关系（图2-4）。成功的城市设计应该从人的生理需求出发，进而满足人的行为需求，并让人能在城市空间中得到情感上的升华，这是提升城市空间活力的基础。

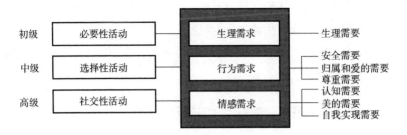

图 2-4　人在寒地城市街道中的需求层次

　　人本价值的理论核心是满足人的需求，城市活力提升的根本就是促进人在城市空间中的必要性活动、选择性活动和社交性活动的频率，以这三方面为出发点的设计才是真正以受众为根本的设计，使设计回归于本原。

2.3.1　基于必要性活动的城市活力提升

　　人的生理需求作为最基本的需求与人在城市中的必要性活动是息息相关的，它包括了人在城市环境中对温度、日照、雨雪等最直接的身体感受，这种感受的好坏程度直接影响了人们在城市中行走或活动的舒适程度，因此，提升城市活力最基本的前提就是满足人的生理需求，也是最重要的需求标准。当人处于寒地城市环境之中，首先要给人提供一个感官舒适的环境，尤其是在冬季，尽量减少低温天气、冬季寒风和路面积雪等消极问题，努力改善城市的冬季微观气候环境，使人在其中能够具有尽可能舒适的感官体验。

2.3.2　基于选择性活动的城市活力提升

　　人的行为需求与城市中的选择性活动关系紧密，行为需求主要包括安全需要、归属和爱的需要、尊重需要，如果人的这三种需要能够在城市空间中得到满足，就会有更多的人愿意在城市中停留和休息，给城市活力的提升带来契机，因此，应尽量最大化地满足人的行为需求。城市街道不仅仅是城市中的一个线性交通空间，它的更大含义在于容纳人们的生活，应力求满足人们在街道上逗留的需要，通过对人的行为特点分析，给人提供一个良好的城市行为和视觉感受，在冬季里可以给人的行为提供适当的庇护，并通过不同层面的城市设计来给行人提供更加便捷和宜人的活动体验。

2.3.3 基于社交性活动的城市活力提升

人的情感需求与城市中的社交性活动有着直接的关系，情感需求主要包括认知需要、美的需要、自我实现的需要，人在情感层面上具有渴望交流和实现自我价值的需求，城市空间设计应该满足人的审美需要，同时给人提供可以进行沟通和嬉戏的场所，使人在城市中能够找到自我认同感，并乐于参与到城市活动中，以达到人在最高等级的精神层面上的满足，因此，应该尽可能地满足人的情感需求。通过对人情感需求的考虑，为人们创造一个可以交往的环境，增加彼此之间的信任，加强领域感和归属感，促进人们潜能的发挥和实现，增加城市的活力，形成一种需求与活力之间的良性循环。

第3章
城市空间活力的设计新倾向

█ 3.1 复合化体验设计新倾向

伴随着城市功能的不断复杂化，人在城市街道中的需求也不仅仅局限于满足交通，城市空间更多的时候需要为人们提供一个可供交流和休闲的室外空间场所。尤其是人们在寒地城市中的行为体验一直受到寒冷气候的消极影响，在冬季里所受到的限制较多，本书以人本价值为切入点，通过对不同季节里人在城市中的视觉体验和空间体验变化，寻求符合人们多维行为体验的城市活力设计策略。

3.1.1 季节变化带来的丰富体验

在城市环境中，人对空间的体验不是一成不变的，在不同的季节会有不同的变化，尤其是寒地城市的四季变化比较明显。在夏季里，人们珍惜短暂而宝贵的凉爽天气，希望尽可能多地在城市空间中享受愉快的时光，寒地城市设计应该满足人们的这种需求，将夏季优势发挥到最大。到了寒冷的冬季，城市街道绿化和部分景观凋谢，恶劣的天气更是雪上加霜，此时，改善人们在城市环境中的体验和感受就显得更加重要，寒地城市设计从受季节变化因素影响较小的方面入手，尽量改善人们的冬季城市体验，弱化季节变化给人带来的影响。

寒地城市街道中受气候影响最小的部分是街道两侧的建筑界面，它对行走在城市中人的视觉体验有重要影响，却很少会受到天气变化的影响。目前，很多城市会对街道两侧近人空间的建筑界面加以处理，使其更加丰富并与人亲近，使人在街道中的体验更加多样化和人性化，即使是在寒冷的冬季，这样的城市界面也会给人带来温暖的体验（图3-1）。寒地城市界面应尽量避免季节变化给行人体验带来的影响，在冬季里适当使用一些辅助设施来保证人们良好的行为体验。舒适的城市环境会对行人提出一种无声的邀请，鼓励人们在街边坐下，长时间地停留在城市空间之中，给城市带来无限活力，使城市变得更有魅力，同时对于行人来讲也是一种愉悦的体验（图3-2）。寒地城市应尽量将人们这种愉悦的体验保持更长的时间，当寒冷的天气来临时，必要的遮蔽和取暖设备会给人们带来更加舒适的体验，可以将街道上人们经常停留的场所用玻璃围住以阻挡寒风，并使用采暖灯、采暖地板和电气装置为局部空间提供热量，选择适当材质的座椅，使人坐在上面比较舒适，并提供临时的毛毯和坐垫等保暖物品，这样就可以有效延长人们在街道中停留的时间，使人们可以享受不同季节环境下的多种城市体验，感受寒地城市街道独特的活力和魅力（图3-3）。

图3-1　爱尔兰都柏林街边
建筑首层处理[11]

图3-2　冰岛雷克雅未克
夏季街边临时座椅[11]

图3-3　挪威奥斯陆冬季
街边咖啡座[11]

3.1.2　立体化带来的多维活力

随着寒地城市环境气候防护措施的日益发展，城市街道空间已经不是单纯地被限定在地面上的凹形空间，现代寒地城市的地面空间不断地向地下和空中进行衍生，进而组成了立体化的寒地城市空间系统，带来多层次的复合化空间体验和城市活力，即使是在寒冷的冬季，这样的城市空间系统也同样能够保证行人的舒适行为感受。

寒地城市空间立体化延伸的实现需要耗费大量的资源，目前在国际上很多寒地城市在其重要街区都有所应用，有效的寒地城市街道防护系统能够确保行人的路线受到不间断的保护，在街道的地面层用各种设施完成其半室内化的防护，街道之间通过空中或地下的步道来完成，并且将城市街道和两边的建筑物在适当的位置进行连通，实现城市资源的优势整合，

图 3-4　美国明尼阿波利斯市空中步道[12]

借用部分建筑的室内空间来完成街道的立体防护系统（图 3-4）。寒地城市空间立体演化对改善人行空间质量具有明显作用，它可以将城市街道以及周边环境的优势资源进行最大化的利用，同时给行人创造丰富的空间体验，并以此激发多维度的城市活力。在寒地城市空间的地下和空中系统中，由于其受到气候因素的影响较小，环境相对稳定，更加有助于营造四季皆宜的绿化和景观环境，对于寒冷的冬季，这样生机盎然的城市环境必然会使人流连忘返，具有愉快的城市行为体验，使城市充满活力（图 3-5）。

图 3-5　加拿大多伦多的室内街[13]

3.2　多元化思维设计新倾向

在快速城市化大潮的影响下，我

国寒地城市大多是模式化建设的产物，缺乏自身特色，呈现千篇一律的景象。近些年，随着人们对地域特色的逐渐关注，寒地城市的发展也在发生着悄然的变化，呈现出多元化的发展态势。本书关注寒地城市空间中人的情感需求，尝试改善冬季消极化的街道活力情况，挖掘寒地城市中的本土文化和冬季资源，探讨寒地城市空间的多样化发展道路，激发寒地城市的冬季活力，满足人们在寒地城市空间中的审美和认知诉求。

3.2.1 本土特色的凸显

街道是城市的窗口，它无声地向人们诠释着城市发展的历史和特殊的地域特色，具有本土特色的城市街道会得到受众的认可，成为城市中引以为傲的一张名片。具有本土特色的城市街道同样可以成为城市发展的动力，避免城市之间的趋同化，寒地城市具有独特的自然环境和人文环境，其发展应凸显本土特色，从而激发人们对寒地城市的认同感和自豪感，在城市建设的大潮中，找到自身发展的方向和特色，使身处寒地城市空间中的人都能在其中享受归属感和丰富的活力。

寒地城市在其漫长的发展过程中，会受到很多外界因素的影响，使其逐渐形成了自身的特色。我国东北地区自国家"一五"计划和"二五"计划以来，就成为重要工业发展基地，其城市建设都带有明显的工业文化气息，沈阳市就成为了我国比较突出的重工业基地，这也成为沈阳城市文化的突出特色。哈尔滨受到早期中东铁路发展历史的影响，城市建筑具有显著的异域文化特色，城市街道作为一个载体，将这些优秀的建筑作品凝聚在其中，同时也记录着城市发展的百年沧桑，人们在感受城市美景的同时也会为此而骄傲（图3-6）。长春市的城市街道面貌受到早期中式大屋顶建设高潮的影响，留下了很多大屋顶建筑的作品，成为城市中一道

图3-6 百年老街容纳历史沧桑

亮丽的风景线，每当人们看到这些街道，就会回想起当初建设时期的故事，是城市发展历史的鲜活表现。

3.2.2　冬季资源的利用

寒地城市的冬季气候给人们带来了很多困扰，同时也给人们提供了一笔宝贵的财富，如果我们将冬季资源进行合理利用，会极大地改善寒地城市的环境质量，提升城市活力，对寒地城市的发展具有显著的推动作用。独特的冬季文化将在寒地城市空间中形成一种品牌效应，不但可以激发人们参与街道活动的积极性，还可以打造具有寒地城市自身地域特色的品牌形象，从而打破人们观念中对寒冷冬季的消极印象，增强寒地城市的活力。

寒地城市的冬季冰雪资源是一种极具地域特色的活力要素，它可以是静态的冰雪景观，也可以形成动态的冰雪活动，都会极大程度上增加寒地城市的活力。冬季里的城市冰雪景观都是经过艺术加工的雕刻作品，可以吸引行人驻足欣赏并带来美的享受，这是只有在寒地城

图 3-7　哈尔滨市卡通主题的
冬季街道冰雪景观

市中才能领略到的独特风景（图 3-7）。尤其是随着现代科技的不断进步，可以将声、光、电等高级的技术应用到冰雪景观的塑造中，通过技术和艺术的不断创新来达到冰雪资源利用的新高度，给寒地城市的冰雪景观注入新的活力。目前国际上的很多寒地城市都结合自身特色对冰雪资源加以充分利用，形成了很多别具特色的冬季节日，以此提高寒地城市的知名度，吸引更多的人参与到冬季活动中，给寒地城市街道注入新的活力和生机（图 3-8）。结合冰雪资源所形成的城市活动，可以吸引行人参与和观看，冰雪活动带来的乐趣会使人在城市环境中得到自我实

现的满足感，从而更加热爱自己所居住的城市，对于游客而言，如此丰富和特殊的冰雪体验也会带来愉悦的感受和美好的印象（图3-9）。寒地城市通过对冬季资源的优化整合，达到了趋利避害的效果，提升了寒地城市的竞争力和活力。

图 3-8　美国特拉弗斯城冬季节日里的街道趣味活动[13]　　图 3-9　美国霍顿市街道上的冰雪技艺表演[14]

3.3　空间优化设计新倾向

街道是城市的重要室外活动空间，其空间环境质量与人在其中活动的舒适性有着直接的关系。当我们以人的感受为本原进行设计时，寒地城市街道空间就不再是设计师图纸上的二维表达，而是与人的街道行为有着密切关系的多维立体空间。因此，寒地城市设计应该从人的行为特点分析入手，对其中的不利因素进行积极规避，对有利因素进行优势突出，结合地域环境形成适合人逗留和交流的城市街道空间。

3.3.1　空间尺度的行为归属

空间尺度对人的行为和心理感受造成直接影响。寒地城市设计应该尽量为行人创造安全、稳定、愉快的空间感受。从人们行为活动的不同层面对街道尺度进行合理控制，营造小尺度的街道交流空间，会激发寒地城市中行人的互动行为，给行人带来温暖和兴奋的行为环境，从而激发城市活力的提升。

3.3.2　空间界面的行为体验

寒地城市界面是围合街道空间的重要实体要素，对行人的城市空间感受具有很大影响作用。具有地域特色的寒地城市界面可以给行人创造动态的视觉享受，连续的、富有韵律的城市界面可以给行人带来更多的新鲜感受，带有趣味性的城市界面细部可以给行人的逗留提供更充分的理由。对寒地城市不同层面空间尺度的人性化处理可以增加人们街道行为的安全感、归属感和趣味感。

3.3.3　室外空间的行为庇护

寒地城市的冬季气候给人们的城市行为造成很大威胁，不适合行人长期逗留，因此，寒地城市设计就是要给人们的冬季活动和行为提供有效庇护，保证人们冬季活动和行为的舒适性，满足人们在冬季里参与城市活动的愿望，减少冬季不良气候对城市行为的干扰，使寒地城市空间形成良好的庇护体系，有效延长行人的冬季户外活动时间，给城市增添无限活力。

3.3.4　地下空间的行为扩展

寒地城市冬季气候严酷，地下街道空间可以成为寒地城市应对不良气候的庇护场所，对冬季行为的扩展具有重要意义。通过垂直方向上的连接与贯通，地下街道空间可以与城市的地面空间和建筑空间形成有效对接，共同形成寒地城市庞大的步行空间系统，为人们的冬季行为提供良好的气候防护，极大地拓展了寒地城市的行为可能性，也给城市活力的提升提供了契机。

3.4　活力提升设计新倾向

寒冷的冬季会给寒地城市带来一定的消极影响，气候问题成为人们室外活动的主要限制因素，被冰雪覆盖的城市容易让人产生萧条的感受，街道上行人的减少更会给寒地城市街道的冬季造成不利影响，人们期望的城市活动无法被满足。因此，为了满足人们渴望冬季活力的愿望，寒地城市要改变原有的消极影响，就要趋利避害，开发冬季资源，彻底改变冬季城市的固有模式，加入更多的活力要素，使人可以不受季节限制地享受到城市生活带来的乐趣，同时增加寒地城市的冬季魅力，获得更加具有地域性的城市认知。

3.4.1　冬季活力催化

寒地城市的冬季活力受到气候因素的不利影响较为明显，消极的城市活力抑制了行人的活动行为。为了满足人们在情感上的交流愿望和自我实现愿望，寒地城市应该通过对冬季资源的创新应用和冬季品牌的建立，凸显寒地城市的地域优势，开发丰富多彩的冬季活动，积极邀请更多的人参与到城市活动中，提升寒地城市的冬季活力。

3.4.2　地域文化认知

城市化的快速进程导致了千城一面的危机，使人们逐渐模糊了对城市的文化认知感。寒地城市应该对其历史文化脉络进行继承和延续，并应挖掘具有地域特色的社会文化和民俗文化，使其能够在寒地城市空间中得到完美呈现，将寒地城市的文化精髓在空间中保持鲜活的生命力，增强人们对寒地城市的地域文化认知程度。

3.4.3　景观特色审美

人的审美体验是城市景观营造的深层动力。寒地城市在景观营造中具有明显的地域优势，通过四季变化的城市绿化和蕴含本土文化的景观小品，可以引发行人对寒地城市审美感受的心灵共鸣和精神感染。寒地城市中特有的冰雪景观可以极大地活跃冬季城市氛围，提升冬季活力，引发人们对寒地城市冬季活动的情感共鸣。

3.4.4　街道设施关怀

人的活动感受在很大程度上依赖于城市公共空间设施的舒适程度。因为寒地城市冬季气候寒冷漫长，人的活动频率大大降低，所以应该对人的城市活动进行细致入微的关注，从城市街道公共设施的配置、外观和细部等方面入手，重点改善寒地城市街道公共设施的冬季使用舒适程度，以延长行人在街道中的逗留时间，为寒地城市的活力提升建立可靠的保障。

中篇
环境活力导向下的空间优化设计

第4章
城市街道尺度的人本归属

　　人在城市中的行为体验和行为特点成为主导城市活力的重要因素。良好的行为感受源自城市街道空间对人的行为需求的关照，能给人带来愉悦、生动和惬意感受的街道设计会更加受到人们的青睐。寒地城市具有明显的地域属性，以往的街道空间设计极少会关注寒地城市特殊的气候和人文环境，大多直接照搬国内或国外的一些优秀街道设计实例，追求街道的宏伟气势、干净整洁和一些程式化的街道布置，而不考虑其地域适应性，更不会考虑在寒地城市街道这样特殊的空间环境中人的需求。如今，应以"人"的行为需求为先决条件，从以往的形式化和模式化的思维中脱离出来，探讨可以带来归属感的地域街道尺度、带来趣味感的生动的街道界面、带来安全感和舒适感的街道庇护空间、带来愉悦感的街道扩展空间等，使人的行为在寒地城市街道空间中得到充分尊重，形成具有丰富地域特色的街道空间。

　　尺度是表达寒地城市街道空间的重要因素，它代表了人与街道实体和空间之间的关系，街道尺度直接影响着人的视觉感受、身体感受和心理感受。适宜的寒地城市街道空间尺度可以给人带来安全、稳定、愉快的感觉，延长人在街道空间中逗留的时间，激发更多的街道行为。因此，从人本价值的角度出发，根据人对寒地城市街道尺度的不同感觉程度，分别从印象尺度、感知尺度和交流尺度三个层次对寒地城市街道的空间尺度进行解析。印象尺度指的是人对寒地城市街道空间尺度的总体印象，即由街道两侧界面和道路部分所共同围合的凹形空间尺度比例，其中包含了车行道和人行道，在寒地城市街道中，印象尺度决定了人对街道空间的宏观认识，会随着季节的变化产生更替性的转换。感知尺度指的是人在步行过程中对寒地城市街道空间的具体感受，包括在不同天气影响下的合理步行距离、步行宽度和步行视野等，是主要集中于步行段落中的街道尺度问题。交流尺度指的是人在寒地城市街道中进行各种行为活动所需要的舒适尺度，营造小尺度的交流空间有利于给人带来温暖和兴奋的感觉。

4.1　印象尺度的和谐化

寒地城市街道印象尺度的和谐化构建有助于为行人提供更加愉悦、舒适的空间体验，是影响人们对街道宏观印象的重要因素，可以通过增加街道空间的围合感和安全感为人们创造更加温暖的冬季街道步行感受，同时对不同建设时期和不同季节的街道进行尺度上的协调与平衡，兼顾现代车行与传统步行的双重需求，为行人营造四季皆宜的步行空间体验。

4.1.1　尺度的特色构建

当人行走在寒地城市街道中，两侧建筑的高度与街道宽度所形成的街道高宽比例是给人带来街道总体记忆的印象尺度，它直接影响了人们对城市街道的第一感受。为了构建具有地域特色和平易近人的寒地城市街道空间，首先要创造能给人带来温暖的心理感受的印象尺度。

假定街道宽度用 D 来表示，街道两侧建筑的高度用 H 来表示，那么，街道的印象尺度就由 D/H 来决定，其数值的大小决定了人对寒地城市街道空间的心理反应。当 D/H 约为 1 时，人站在街道上的视域角度大致为 45°，可以覆盖街道建筑界面的全貌，甚至可以看到街道界面的天际线，这种尺度的街道空间处于围合感与封闭感之间的平衡状态，给人稳定、安全的感觉，有利于人们进行长时间的街道行为。当 $D/H < 1$ 时，街道空间的包围感和庇护感逐渐增强，人身在其中会有压抑的感觉，当 $D/H > 1$ 时，街道空间的闭合感逐渐降低，随着 D/H 数值的不断增大，人在空间中的安全感会不断降低，会产生空旷冷漠的感觉，不利于街道行为的发生（图 4-1）。由此可见，寒地城市街道空间应该选择适当的尺度，*D/H* 的数值过小会使人感到抑郁并遮挡冬季街道阳光，*D/H* 的数值过大会给人带来萧条的感觉并不利于冬季寒风的遮挡。

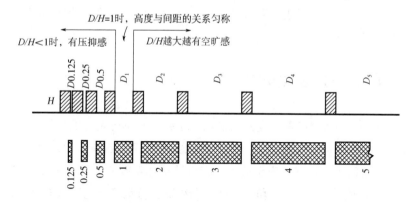

图 4-1　街道 *D/H* 的关系示意图[15]

　　寒地城市中有很多能够代表其地域特色和城市文化的重要街道，笔者通过大量的调研发现，我国寒地城市街道的街区划分以 450～550m 为主，因此选取 500m 作为寒地城市街道空间界面研究样本的基本规模（附录2）。研究样本的选取以我国寒地城市中具有代表性的街道为主，侧重于选择人的行为比较丰富和活跃的街道，并能够体现寒地城市的地域文化特色，进而对具有类似特征的街道进行样本的比评分析。

　　针对寒地城市街道的空间印象尺度特色问题，重点选取了哈尔滨的果戈里大街和长春的人民大街进行对比分析，这两条街道都是城市地域文化的典型代表，并且道路中同时包含了步行道和车行道，在步行道的部分人流比较密集。见表 4-1，分别在哈尔滨的果戈里大街和长春的人民大街里选取了约 440m 的空间距离进行分析，对选取样本的街道空间印象尺度进行比对。为方便数据比较，采用 *D/H* 即城市道路的宽度与其两侧建筑界面的高度比值来反映街道的空间印象尺度（图4-2），哈尔滨果戈里大街和长春人民大街的空间印象尺度存在明显落差，柱状图的数值和起伏大小反映了人在步行过程中感受到的街道空间印象尺度变化。哈尔滨果戈里大街由于其形成年代较早而街道宽度偏窄，街道两侧都是由具有异域特色的建筑组成，其 *D/H* 数值相对较小，人走在其中的

表 4-1　哈尔滨果戈里大街和长春人民大街的样本选取

研究样本	范围选择	比评内容	样本形态
哈尔滨果戈里大街	人和街至革新街约 440m	*D/H* 数值相对较小,给人带来稳定、悠闲体验的街道尺度	
长春人民大街	重庆路至新发路约 440m	*D/H* 数值相对较大,降低围合感和安全感的街道尺度	

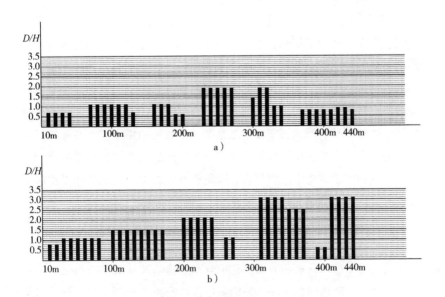

图 4-2　街道调研取样 *D/H* 对比图

a) 哈尔滨果戈里大街调研取样　　b) 长春人民大街调研取样

感受比较亲切，是可以给人带来稳定、悠闲体验的街道尺度，人就会愿意在街道中逗留，进行各种丰富的街道活动。长春人民大街是寒地城市现代街道的典型代表，车行道部分较宽，街道两侧以现代多层建筑为主，其 D/H 数值相对较大，人走在其中难免会有些空旷的感觉，这样的街道尺度会降低人们的围合感和安全感，不利于人们在街道中进行逗留、交谈和玩耍等。由此可见，寒地城市街道的 D/H 数值应适度偏小，并根据街道的具体情况在 0.7 ~ 2 之间选择适当的比例，这样可以给人带来围合、温暖的感觉，冬季亦可防止冷风侵袭，增加人在街道中活动的舒适程度，为城市活力的改善提供了保障。

4.1.2 尺度的新旧平衡

寒地城市街道由于建成年代的不同会呈现给人们迥异的印象尺度，在很多寒地城市建设早期，街道一般都比较窄，且围合感较强。随着汽车的不断普及和城市越来越庞大的交通需求，同时受到寒地城市居民的大气、豪爽性格特征影响，新建车行道部分越来越宽，与旧城区的街道尺度呈现明显差异。新城区的街道普遍比较宽，且街道两边的建筑高度也大大增加，街道的印象尺度变大，不利于人在街道中的行为发生。寒地城市旧城区的街道大多保留原有的城市肌理，街道尺度比较小，街道生活也比较丰富。寒地城市设计就是要将旧城区的街道尺度在保持近人感觉的同时进行适应新环境的改造，对新城区的街道进行合理的空间处理，以达到舒适的街道印象尺度，最终使寒地城市的旧城区和新城区的街道尺度达到协调统一的平衡关系。

为了能够更加清晰地展现寒地城市街道尺度的新旧差异，笔者重点选取了两条比较有代表性的街道，针对寒地城市街道的新旧空间尺度差异问题进行了调研分析和对比，它们分别是哈尔滨的靖宇街和长春的重庆路，这两条街道的共同特点是街道中人的行为活动都比较活跃。哈尔滨的靖宇街始建于 1880 年，是一条具有百余年历史的老街，街道两侧是具有中华巴洛克风格的历史建筑；长春的重庆路是 2001 年改建的一条现代商业街，其路面比较宽敞，街道两侧分布了很多现代高层建筑。

见表 4-2，分别在哈尔滨的靖宇街和长春的重庆路里选取了 500m 左右的空间距离进行分析，为方便数据比较，笔者同样运用 D/H 的数值对选取样本的新旧街道空间尺度进行比对。如图 4-3 所示，哈尔滨的靖宇街

表 4-2　哈尔滨靖宇街和长春重庆路的样本选取

研究样本	范围选择	比评内容	样本形态
哈尔滨靖宇街	南七道街至南十四道街约 560m	D/H 数值变化幅度较小，街道空间变化平稳	
长春重庆路	西安大路至人民大街约 530m	D/H 数值变化幅度较大，街道空间变化明显	

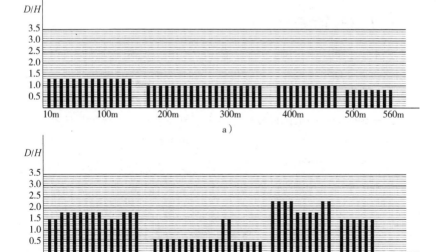

a)

b)

图 4-3　不同时期街道调研取样 D/H 对比图

a) 哈尔滨靖宇街调研取样　b) 长春重庆路调研取样

和长春的重庆路的尺度变化呈现明显区别，柱状图的起伏大小反映了人在街道中行走过程中所感受到的界面尺度变化强弱程度。哈尔滨靖宇街的空间尺度变化比较缓和，主要是以街道界面中历史建筑的丰富细部来吸引行人的关注，使人愿意停留下来，从而激发其他的街道活动，当人处在这种平稳的空间尺度中，会找到一种安全、稳定的归属感。长春重庆路的空间尺度波动比较大，街道两侧建筑较高，现代街道可以通过不规则开放空间来平衡大体量建筑带来的压迫感，同时形成丰富变化的空间尺度效果，使人对空间尺度的变化感受更为强烈。由此可见，现代的寒地城市街道空间虽然具有较高大、厚重的建筑体量，依然可以通过街道空间的收缩变化和建筑布局形态变化来达到丰富变化的街道空间体验，以此弱化局部过小的 *D/H* 数值给人带来的压迫感。因此，寒地城市新旧城区的街道尺度可以通过合理的街道空间设计达到一种平衡状态，既保证了现代交通功能的需求，又可以照顾到人在街道中步行活动的行为感受，对城市活力的提升起到促进作用。

4.1.3　尺度的季节嬗变

　　城市街道的印象尺度除了受到街道宽度和街道两侧建筑界面高度的影响外，还受到街道绿化、街道设施、街道装饰等的微观调节作用，这些微观调节因素有助于在步行空间范围内给人创造相对良好的尺度感受，对于现代城市街道的印象尺度调节起到重要作用。寒地城市街道受到冬季寒冷气候的影响，街道绿化会呈现季节性的变化，在夏季茂密的行道树、草坪、花卉等可以有效遮挡人在步行空间中的视线，部分调节由于较宽的车行道和较高的街道界面给人带来的不适感觉，营造小尺度的步行环境，并且可以为街道活动增添很多趣味性，对街道的印象尺度产生了一定的积极影响。到了寒冷的冬季，街道中的树叶落去，草坪和花卉也都失去了原有的形态和色彩，人在步行空间中没有了绿化的遮挡，其视域范围会突然变大，放大后的街道印象尺度难免会给人带来空旷的感觉，加上冬季万物萧条的景象，使人的步行空间质量大幅下降（图4-4）。基于人本价值导向的寒地城市街道空间尺度设计就是要通过合理的方式来改善人在冬季街道空间中的不适感受，弱化气候因素给街道印象尺度带来的不良影响。

a)

b)

图 4-4　哈尔滨长江路冬季和夏季步行尺度对比

a) 冬季　b) 夏季

寒地城市街道可以在冬季对绿化和景观进行适当装饰、加工以达到围合空间和美观的效果，实现冬季街道印象尺度的微观调节。例如，很多寒地城市在冬季都会给行道树和花坛布置各种花样的装饰和彩灯，使灰色的树干看起来不会单调乏味。在哈尔滨黄河路会展中心

图 4-5　冬季美丽的雪白雾凇

路段，每年冬天都会在行道树上挂满各种类似冰锥和雪花的灯饰，在寒冷的夜晚给人带来阵阵暖意。另外，将行道树进行丰富化处理也是一种改变街道微观尺度的好方法，在哈尔滨的斯大林步行街中，冬季树木常出现雾凇景观（图 4-5），这种寒地城市独有的街道景观既可以改善街道的微观尺度，又可以给人带来新奇有趣的视觉感受，并可以利用人工喷洒水蒸气的方法来营造这种冬季冰雪美景。由此可见，通过对寒地城市街道绿化和景观的冬季处理，可以有效改善步行空间的街道印象尺度，彰显寒地城市街道的地域特色，增加街道空间的趣味性并刺激冬季街道活力。

4.2 感知尺度的细腻化

感知尺度是影响人们步行舒适度的直接因素，寒地城市街道步行空间在冬季会受到不良气候带来的诸多威胁，对寒地城市街道感知尺度的细腻化处理可以为人们营造更加惬意的步行感受，通过适当地调整步行距离、步行宽度和步行视野，从街道中步行者的角度进行街道尺度的三维划分，尽量减弱寒地城市街道中的不良因素给人们带来的行为不适感，给街道活动的发生提供良好的城市空间尺度。

4.2.1 合理的步行距离

人的步行距离受到天气情况、环境情况和身体情况等诸多因素的影响，会具有很大的差异，寒地城市夏季气候凉爽、冬季气候寒冷，气候因素对人的步行距离影响比较明显。寒地城市街道设计应该从人的实际情况出发，考虑寒冷气候给人的步行活动带来的不利影响，进而设置合理的街道步行长度，以促进城市活力的提升。寒地城市的冬季气候条件比其他季节更为不适合长时间的步行活动，因而，在考虑寒地城市街道的长度问题时，应该更多地关注冬季气候带来的影响，将步行距离尽量缩短，在长度较长的街道中可以设置遮蔽风寒和供人休息的节点。

针对寒地城市街道合理的步行距离问题，笔者搜集了国内外寒地城市多条著名步行街的相关数据，以此作为寒地城市街道长度设计的参考，见表4-3，步行街的长度基本在500～1200m之间，其中较长的步行街都进行了适当的段落划分，既要保证步行段落内足够的空间延续感，又要考虑到冬季气候的不良影响和有效防护，使人的街道行为能够达到舒适、轻松、愉悦的目的。

表4-3 国内外寒地城市步行街长度统计

街道名称	国家	城市	地理纬度	街道长度/m
Arbat Street	俄罗斯	莫斯科	N55°45′	1100

（续）

街道名称	国家	城市	地理纬度	街道长度/m
Street Kirovka	俄罗斯	车里雅宾斯克	N55°09′	816
Rue Prince Arthur Est	加拿大	蒙特尔	N45°30′	280
Strøget	丹麦	哥本哈根	N55°40′	1200
Drottninggatan	瑞典	斯德哥尔摩	N59°20′	1170
Kullagatan	瑞典	赫尔辛堡	N56°02′	450
Karl Johans Gate	挪威	奥斯陆	N59°54′	500
中央大街	中国	哈尔滨	N45°46′	1400
中街步行街	中国	沈阳	N41°47′	860
小东路（东中街）	中国	沈阳	N41°47′	570

　　此外，针对寒地城市中适宜的步行长度问题进行了问卷调查，考虑到大多数人在步行过程中对时间的敏感程度高于对距离的敏感程度，因此，笔者在问卷调查中用适宜的步行时间作为衡量对象，然后根据不同人群的步行速度进行街道长度的换算。调查对象主要来自哈尔滨、长春和沈阳三个城市，调查结果显示，人们在夏季所能接受的步行距离比冬季明显要长（图4-6）。夏季的适宜步行时间选择20分钟和25分钟的人较多，分别占到总数的45.2%和28.3%，冬季的适宜步行时间选择10

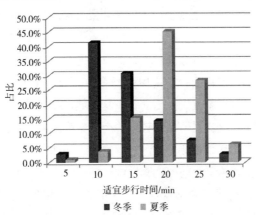

图4-6　寒地城市街道的适宜步行时间

分钟和 15 分钟的人较多，分别占到总数的 41.3% 和 30.8%。因此，根据调研结果，夏季的适宜步行时间约为 22 分钟，冬季的适宜步行时间约为 12 分钟，考虑到不同对象之间的年龄差异，笔者将人的步行速度取值为 4km/h，由此，可以计算出夏季和冬季的适宜步行距离约分别为 1400m 和 800m。寒地城市街道的步行距离可以以此作为参照，尽量让人的街道行为需求在这个距离以内得到满足，如果距离过长，应该在街道中加设必要的停留休息空间，给街道活动提供更加多元化的可能性。

此外，人们所能够接受的合理街道步行距离还与街道环境质量有着密切的关系，空间变化丰富、视野良好、街道界面具有特色等因素都可以有效缩短人的感知距离，使人可以接受更长的步行距离。因此，在寒地城市街道中应该尽量做好对不良气候的防护措施，使步行空间的微观气候环境更适宜人的停留和活动，并适当增加街道的曲折度或空间变化，在街道中设置更多吸引人注意的节点，创造人在步行过程中的良好心理感受。

4.2.2　惬意的步行宽度

适宜的步行宽度可以给人带来惬意的街道感受，寒地城市街道的冬季气候不利于人的步行活动，街道积雪会侵占原本的步行空间，结冰路面会降低人的步行速度，人在步行过程中为了防滑还要保持较大的安全距离。而到了夏季，天气凉爽宜人，渴望街道活动的人们会抓住这个好季节发生更多的街道行为，街道中步行者的人数和密度都会骤然上升，对街道宽度的需求也就变大。因此，在寒地城市街道中，考虑到季节更替带来的大幅度变化，需要相对较大的街道宽度来满足不同季节里人们的街道行为需求，尽量创造安全、舒适的街道活动空间。

以人的体验和感受为前提，寒地城市街道的步行宽度要满足人们的各种行为和心理需求，在 Edward T. Hall 的《隐藏的维度》一书中指出，人与人之间存在四种距离尺度，即亲密距离为 0~0.45m，是最强烈、亲近的交流距离；个人距离为 0.45~1.20m，是朋友和家人的交流距离；社交距离为 1.20 ~ 3.70m，是日常生活、工作的交流距离；公共距离为 3.70m 以上，是正式沟通和单项交流的距离[16]。以此距离为参考，大部分的街道行为属于社交行为，人与人之间的距离应该保持在 1.20 ~ 3.70m 之间比较合适（图4-7）。寒地城市街道在满足人的步行活动同时，还要给人的其他街道行为提供足够的空间，并且要附加行道树所占据的部分宽度，因此，笔者认为 3m 是适宜寒地城市街道的最小宽度，在条件允许的情况下，还应该适当加大街道宽度，或在街道中设置局部的内凹空间，对街道宽度进行局部放大，以此来满足人们的逗留、交谈、娱乐等街道行为，使人能够安全、舒适地行走在陌生人之间。对于底层商业比较繁华的街道，其人流量和信息量都较大，应该适当增加街道宽度，例如，长春重庆路的部分步行路段宽度甚至达到 10m，以此来满足较大人流量的休闲、购物、娱乐需求。

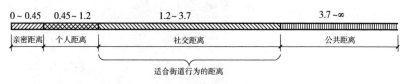

图 4-7　人与人之间的四种距离（单位：m）

4.2.3　舒适的步行视野

空间作为一种可被人感知的三维形态，其尺度会直接影响人们对其的辨识，早在 19 世纪末 20 世纪初，欧洲的大多数国家就开始通过规划法令对街道宽度及沿街建筑高度进行限制[17]。早期寒地城市中建筑以多层为主，街道空间尺度比较宜人，人的视野可以涵盖街道全貌，随着现代高层建筑的不断增多，导致了街道尺度失衡，过高的建筑会给人带来压抑的心理感受，也会加大冬季街道中的风速，加快人体热量散失使人感觉更加寒冷。基于人本价值导向的寒地城市街道设计应在满足现代城市发展的同时，尽量改善人在视野范围内的街道感受。

当以人的视野范围作为限定寒地城市街道空间的标准，可以通过街道底层空间与高层部分的合理组合来实现步行空间的良好视野（图4-8），将高层部分适当退后或做退台处理都可以减少其对街道空间的压迫感，利用街道的底层部分尽量对高层部分进行更多的遮挡，让人在街道中的步行视野更加开阔。因此，现代寒地城市应将人视野范围内的街道空间进行多元尺度的整合，即保证较高的建筑密度，又保证街道步行空间的环境质量，将寒地城市街道的临街建筑进行分层次的设计。以加拿大温哥华为例，在进行新城区规划的过程中，将街道两边的建筑分为两个层次进行开发，一个是低层部分约为 2~4 层，另一个是高层部分。低层部分在沿街的空间里对人的视野做出了适当的界定，并将

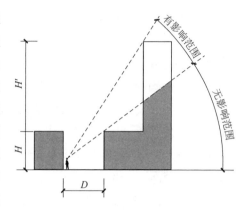

图 4-8　街道双重尺度控制

图 4-9　加拿大温哥华街道的双层次开发[11]

高层部分建在稍微靠后的位置，尽量减少对步行者视野的遮挡，高层建筑部分采用又窄又高的造型方式，既避免了冬季街道中的大风，还使街道步行空间在冬季获得更多的日照，受到了人们的广泛欢迎（图4-9）。再如哈尔滨中央大街上新建高层建筑时，都会对临街界面进行合理的退让，尽量不破坏在人视野范围内的街道原有尺度，新建建筑的临街界面也保持与原有尺度、风格相接近，以此来确保整条街道的尺度连续感。

4.3　交流尺度的亲近化

亲切化的寒地城市街道交流尺度可以给人们的街道行为创造更多的可能性，促成街道空间的多元化利用，对街道辅助设施尺度和交流距离的适度把握可以有效提高行人在街道中的交流机会，进而改善寒地城市街道的步行氛围，给人们带来更加细致、亲切、温暖的街道空间感受，增加人们在城市街道中停留的时间，对城市活力的提升起到促进作用。

4.3.1　交流距离的适度把握

人与人之间彼此的交流沟通只有在距离达到足够近的情况下才会发生，比较近的相互距离可以使人获得更多和更全面的信息，提供进行更深入交流的机会，因此，当人在街道空间中发生各种行为活动时，街道需要具备良好的交流尺度。寒地城市街道寒冷的冬季气候和变化较少的建筑体量使街道空间缺乏活力，基于人本价值导向的寒地城市街道设计应该创造更近人的交流尺度，激发人的交流欲望，创造更多的交流机会。

当人处在寒地城市街道的交流尺度范围内，可以清晰地观察到街道界面、细部甚至是其他人的表情，对街道空间的体验感更加强烈，同时良好的交流尺度可以带给人丰富、温暖、兴奋的街道感受。如前文所述 Edward T. Hall 在《隐藏的维度》一书中指出人的社交距离为 1.20 ～ 3.70m，也就是说，在街道中只有在这个距离范围之内的交流才是人的有效交流距离，对于现代很多大尺度的寒地城市街道空间，人身在其中很难产生情感体验，也不会有交流的欲望，并不利于寒地城市街道的活力提升。因此，寒地城市的街道设计过程应该重点关注人的交流尺度，创造令人感到温暖、活跃的街道空间。例如在瑞典斯德哥尔摩南部的一个新城区斯卡尔普内克的规划和建设中，首先考虑的是街道、广场、公园等城市公共空间，随后考虑的才是建筑设计部分，图 4-10 是设计师 Klas Tham 在进行新城规划前所绘制的城市总图，首先推敲的是街道空间和城市开放空间的尺度和形态，其次才是具体的建筑形态。另外，瑞典马尔默的 Bo01 项目从斯卡尔普内科城区中学习了先进经验，从城市的近人空间角度进行设计，注重空间序列的比例，利用大型建筑为低矮建筑进行冬季气候防护，建成后受到了当地居民的欢迎，在这个区域内人的街道交流活动也十分活跃（图 4-11、图 4-12）。再如荷兰阿姆斯特丹附近的 Almere 新城区，其对街道进行了小尺度设计，并通过对街道界面的纵向整合，将街道底层空间进行近人的小尺度

斯卡尔普内克区1：10000

尺 1000英尺
300m

图 4-10　瑞典斯卡尔普内克区设计草图[11]

图 4-11　瑞典马尔默 Bo01 项目鸟瞰图[11]

划分，给街道带来了无限的活力和生机，人们都喜欢聚集在这里进行交谈、休闲、购物、散步等一系列有趣的街道行为[11]（图 4-13），是非常具有活力的街区。

图 4-12　瑞典马尔默 Bo01
项目街景[11]

图 4-13　荷兰 Almere 区
的街道底层[11]

4.3.2　辅助尺度的微观调节

寒地城市宜人的街道尺度除了靠街道与建筑的比例来营造以外，还可以通过街道中的绿化、设施等辅助元素来营造适合人交流的近人小尺度。寒地城市建筑为了满足保温节能的需求，普遍体型系数较小，空间变化也相对较少，给人比较厚重、敦实的感觉，缺少在小尺度层面的细部处理。因此，寒地城市街道的交流尺度需要依靠街道中的其他辅助设施共同营造，以此对街道尺度进行微观调节，给人的交流活动提供更加细致化的尺度空间。

寒地城市街道在视平层面的尺度处理会直接影响人的街道交流行为，首先应该将街道两旁建筑的近人空间进行丰富细致的尺度处理；其次，通过街道绿化的树种、花坛选择和层次搭配形成对街道空间尺度的二次修饰，同时还可以有效遮蔽车行空间带给步行环境的不良干扰；再次，通过街道上的座椅、路灯、栅栏等设施的精细化处理，也可以增添很多吸引人注意力的信息，给人的街道行为带来无限乐趣（图 4-14）。因此，在进行寒地城市街道设计时，尤其不能忽视这些街道辅助要素的尺度构建，其对提高街道空间环境质量起到至关重要的调节作用，

图 4-14　德国柏林街道上的
小尺度设施布置

图 4-15　丹麦哥本哈根的街道辅助空间[11]

也是人们街道交流活动的重要载体，可以有效提升寒地城市街道对人的吸引力。如图 4-15 所示，丹麦哥本哈根的这条街道两侧都是普通的

联排住宅，千篇一律，建筑几乎一模一样，难免会给人带来单调乏味的印象，但是，通过对街道中栏杆的丰富变化、花坛和树木的搭配栽植、座椅的人性化设置等，使得视平层面的街道尺度得到进一步的细化，给人带来稳定和惬意感受，使人非常愿意在街道中逗留、交谈，甚至进行小型的聚会或和好朋友们见面等社交活动，可以在街道中度过一段愉快的时光。

第5章
城市界面的行为体验

　　寒地城市界面是一种具有地域特色的实体要素，另一方面，城市界面又与人的活动空间密不可分，城市界面与城市空间相生互补，连续的、富有韵律的城市界面形成了人们对城市空间的总体感受，尤其是寒地城市的底层界面，对城市中人的行为起到决定性的作用。

　　城市的街道界面限定了人的视域范围，空间体验具有主观性和客观性共存的双重体验属性[18]，当人行走在城市街道中，视知觉会随着人的移动而变化，街道的空间秩序和层次也随之变化，给人带来动态的多样感和新鲜感，按照人的视觉分辨能力，可将城市界面分为三个层次，首先是"背景层次"，即塑造整体氛围的街道界面韵律，其次是"中景层次"，即对行为发生起到促进作用的街道界面边缘，最后是"近景层次"，即吸引人停留的街道界面细部。这三个层次相辅相成，使人在城市空间中活动时可以感受到安全感、归属感、组织感和舒适感，形成具有活力的城市界面。

5.1　活跃友好的界面韵律

　　街道作为一种线性的城市公共空间，其界面的韵律和节奏控制会直接影响人在城市中的行为体验，活跃友好的界面韵律可以给行人带来愉悦兴奋的空间感受，改变寒地城市的消极印象，通过对不同年龄、性别的行人需求进行综合考虑，可以实现寒地城市街道空间段落划分多样化之间的平衡，创造具有趣味性和延续性的步行空间序列，并通过界面功能的紧凑化混合实现集约式发展模式，对于抵抗冬季不良气候具有显著作用，尽量在有限的活动范围内满足人的更多行为需求。

5.1.1 节奏化的序列延续

城市街道的序列划分与人的行为需求密切相关，对于寒地城市而言，还要兼顾地域气候的因素，因此，在进行寒地城市街道序列划分设计时，要考虑到人的行为特点和地域特色共同的影响效果。人在寒地城市街道中的行为特点与很多因素相关，比如人的视觉距离就直接决定了街道空间段落的划分，此外，与那些冬季气候相对温和的城市相比，寒地城市街道的空间段落节奏会更加紧凑，如此更加有助于人们的冬季街道行为得到更多的庇护。为了适应不同人群的街道行为感受，在进行寒地城市街道的空间序列设计时，还应该充分考虑人的不同年龄段以及不同性别等差异化的因素，只有这样才能使寒地城市的空间序列设计达到更加细致化、人性化和合理化的标准，使街道空间段落得到进一步的优化处理。

人在城市街道空间中的行为交往活动与视觉距离有着密切的关系，当距离为 100m 或更远时，只能看到模糊的轮廓，当距离为 70～100m 时，就可以大致看清楚人的动作、性别、年龄等主要特征，当距离为 30m 时，就可以辨认人的面部特征，当距离更接近以后，人的面部表情和情绪都可以清晰辨别，此时的距离对街道的行为活动才有明显的影响，因此，在进行寒地城市设计时，应该充分结合人的视觉特性进行空间序列的有效划分。同时，人在城市中行走的过程中，其切身感受和周围的人流速度有着直接关系，如果街道中的人流速度适中，那么人就会对街道空间产生安全、惬意并带有趣味性的感觉，见表 5-1，当人流速度过快时，人就会因街道空间的拥挤而感到不适，降低在街道中活动的意愿。人在街道中所占的面积至少要达到 1.5～2.2m²/人，以沈阳市中街为例，其日常人流量在 40 万人左右，按每天 8h 计，每分钟街道上人流所需要的最小面积是 1250m²，若街道宽度取 22m，经折算后的较为合理的街道段落序列长度应为 56.8m。因此，根据人的视觉距离和行为感受需求，寒地城市街道的空间段落在街区总体划分的基础上，以 40～70m 作为空间序列节奏较为合理。

表 5-1　步行环境感觉统计[19]

人的环境感觉	个人占据领域（m²/人）	人流速度（人/min·m）
阻滞	0.2~1.0	60~82
混乱	1.0~1.5	46~60
拥挤	1.5~2.2	33~46
约束	2.2~3.7	20~33
干扰	3.7~12	6.5~20
无干扰	12~50	1.6~6.5

　　为了使寒地城市的街道空间序列划分满足不同人群的差异化行为需求，首先应根据人在街道中的活动量对空间序列进行优化，不同年龄和不同性别的人对街道空间序列的感受都是不同的，尤其是对于寒地城市街道而言，在寒冷的冬季，不同的人对室外寒冷天气的耐受程度不同，直接影响了寒地城市街道空间序列的节奏。笔者针对不同年龄人群的步行距离耐受程度进行了问卷调查，问卷对象中包含了四个年龄层次的人群共计208人，分别为20岁以下、20~40岁、40~60岁和60岁以上，并重点针对20岁以下的青年人（共计38人）和60岁以上的老年人（共计59人），进行了步行距离耐受程度对比分析（表5-2），这两类人群在夏季和冬季所能接受的步行距离具有明显差异，如图5-1所示，青年人精力充沛，对疲劳和严寒的耐受程度较高，在夏季约44.7%的青年人愿意接受25分钟的步行距离，在冬季约36.8%的青年人愿意接受15分钟的步行距离。而老年人体力较弱且行动缓慢，对疲劳和严寒的耐受程度相对较低，在夏季约39.0%的老年人愿意接受15分钟的步行距离，在冬季约52.5%的老年人愿意接受10分钟的步行距离。由此可见，适合青年人活动的街道空间段落长度可以适当加大，而老年人主要以休闲活动为主，且需要较多的中途休息和交流空间，其街道行为受天气影响较为明显，故应将适合老年人活动的街道空间段落长度适当缩短，并设置适合长时间逗留的节点空间。

表5-2　青年人与老年人愿意接受的步行时间调查问卷数据对比

步行时间		5min	10min	15min	20min	25min	30min
青年人	夏季	0%	2.6%	10.5%	15.8%	44.7%	26.4%
	冬季	2.6%	21.1%	36.8%	31.6%	2.0%	5.3%
老年人	夏季	3.4%	10.1%	39.0%	33.9%	11.9%	1.7%
	冬季	6.8%	52.5%	32.2%	8.5%	0%	0%

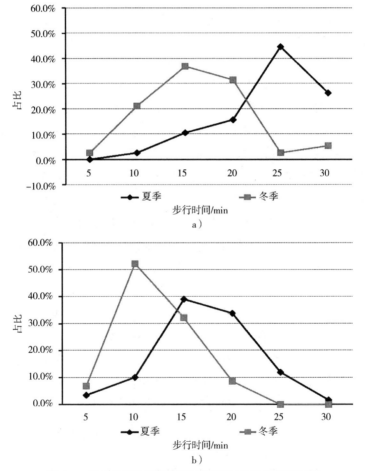

图 5-1　按人的疲劳和严寒耐受程度划分街道空间段落

a) 青年人的步行耐受曲线　b) 老年人的步行耐受曲线

另外，男性人群在街道中的活动大多目的性较强，更加倾向于效率较高的街道行为，因此更加偏好稍紧凑的街道空间段落。女性人群的街道行为随机性高，偏好结合休憩饮食等组合街道行为，在街道中活动的时间较长，故应将街道的空间段落节奏设置得更加多样化。由此可见，寒地城市的空间序列节奏应该考虑到不同使用人群的行为需求，考虑不同年龄和性别人群的街道序列混搭，对不同的空间段落进行合理平衡，使整个街道空间序列呈现适当的节奏化延续并更加充满趣味性，让不同的人群都有愉快的街道体验（图 5-2）。

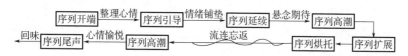

图 5-2　寒地城市街道空间序列的节奏化延续

5.1.2　多义化的信息传递

人在城市中主要通过视觉刺激来体会城市界面所传达的连续信息，人们会更多地关注其视觉可见范围之内的事物，寒地城市冬季景观萧条，为了避免人们不良的视觉体验，应从城市界面设计入手，充分抓住人的视觉规律，在有效的范围内增加人与城市界面的信息交流，使寒地城市界面传递出更加多义化的积极信息，以弥补季节变化带来的消极影响，增添城市的冬季活力。

表 5-3　人在街道空间中的视域划分

视域	范围		辨认效果
	垂直方向（°）	水平方向（°）	
中心视域	1.5~3	1.5~3	辨别形体最清楚
最佳视域	视水平线下 15	20	在短时间内能辨认清楚形体
有效视域	上 10 到下 30	30	需要集中精力才能辨别清楚形体
最大视域	上 60 到下 70	120	可感到形体存在但轮廓不清楚

人在城市街道中的视域范围呈不规则的圆锥形且十分有限，见表 5-3，在垂直平面上，有效的视域在视平线以上 10°，视平线以下 30°，在水平

面上，向左侧和右侧分别为 30° 左右，由此可见，人在城市街道中的水平视域比垂直视域更广，向下的视域也更广。同时，人在街道中的步行速度一般为 5km/h，如此缓慢的行进速度对街道空间界面的感受是十分细致的。寒地城市街道的步行空间宽度一般在 4 ~ 6m，当人行走在街道中时，在其有效的视域范围内，重点可见的建筑空间界面主要集中在离地面最近的 2.5 ~ 3m 范围内，因此，在这个空间范围内的街道界面设计才是我们应该重点关注的，人对高于此范围的街道界面的感知程度是较弱的（图 5-3）。人在城市街道中行走的过程，可以广泛地欣赏到建筑立面的各种细部和展示橱窗，也

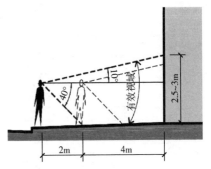

图 5-3 人对寒地城市街道界面的
感知范围

可以近距离地体验到街道界面的材质、色彩以及附近人的活动，这些体验决定了人在街道中的行为感受是否愉悦，对于寒地城市街道的界面设计，底层空间的趣味和活力创造是至关重要的，街道底层空间品质决定了城市环境的品质。

步行给人们留出了充足的时间来体验寒地城市街道界面空间，可以细致地感受由建筑底部空间提供的丰富信息和细部，这些都使人的街道行为变得更有趣味性，不会产生单调乏味的感觉。生物学上对人处于一个毫无刺激作用的空间的研究表明，人的感官需要在十分短暂的时间内（4 ~ 5s 内）就要得到刺激，这样就确保了在过少和过多刺激之间的一种合理平衡[20]。按照此研究推理，以人的步行速度为 5km/h 计算，那么每个具有吸引力的界面长度应该为 5 ~ 6m，我们可以用这个距离来对寒地城市街道的空间界面进行设计，使每个小段空间都可以向人们传达出具有吸引力的信息，并进行有效的信息互动。根据人的行为特点和寒地城市的地域特点，见表 5-4，笔者从街道界面的韵律性、互动性、通透性和趣味性等方面入手，通过对不同寒地城市界面样本进行调研比

评，提出了寒地城市底层空间界面的设计优化可选策略。

表 5-4　寒地城市底层空间界面优化策略

优化方案	具体策略	消极处理的样本	积极处理的样本
韵律性	增加寒地城市界面的竖向韵律，有助于在水平方向上伸展的界面使人感觉更短，在有限的界面范围内增加多义化的信息传递	韵律性：弱 案例：沈阳某街道	韵律性：强 案例：沈阳中山路
互动性	创造更加开放积极的城市界面，具有吸引力的肌理与细部有助于信息传递，使人频繁驻足	互动性：弱 案例：沈阳某街道	互动性：强 案例：长春桂林路
通透性	通透的底层街道界面可以增加视觉信息量，满足人们获取信息的欲望，给人提供了减速或停留的好机会	通透性：弱 案例：长春重庆路	通透性：强 案例：哈尔滨中央大街
趣味性	实现寒地城市界面具有趣味性的多感官信息传递，激发人的好奇心和兴趣，促进积极的交流活动	趣味性：弱 案例：哈尔滨某街道	趣味性：强 案例：哈尔滨道外老街

5.1.3　紧凑化的功能混合

人在城市中的行为活动具有多样性，城市街道除了满足步行功能外，还要考虑人们休闲、购物、娱乐、餐饮、观光等一系列的行为需求，良好的城市空间界面应该是这些多样化功能的复合体。对于寒地城市街道，考虑到人们的冬季出行便利性和舒适性，应尝试将街道的多种功能有机地组合在一起，既要避免人们受到冬季气候的消极影响，又要在交通不便的天气下使人们的出行变得更加便捷。据统计，在丹麦哥本哈根的著名步行街 Strøget 大街上，人的步行交通速度在夏季要比冬季缓慢 35%，这就意味着同样的人数在步行街上的活动程度增加了 35%[21]。由此可见，由于人们的冬季街道活动程度受到天气的限制而降低，在进行寒地城市街道空间界面设计时，为了刺激更多的街道行为，应该适当加大街道功能的混合程度，并使这些功能布置得更加密集化和紧凑化，即使在天气不好的情况下，也可以在有限的空间范围内满足人们的多种行为活动需求，使城市保持一定的活力。

　　针对寒地城市街道空间界面的功能混合问题，笔者重点选取了哈尔滨的中央大街和沈阳的中街进行样本对比分析，这两条街道都是城市中最具有代表性和最繁华的步行街，并且具有悠久的城市文化历史。见表 5-5，分别在哈尔滨的中央大街和沈阳的中街里选取了 500m 左右的空间距离进行样本分析，对选取样本的街道空间界面功能混合程度和界面类型分布密度进行了比对。

表 5-5　哈尔滨中央大街和沈阳中街的样本选取

研究样本	范围选择	比评内容	样本形态
哈尔滨中央大街	西十二道街至西五道街约 470m	街道空间界面功能混合程度高，界面类型分布密度高	
沈阳中街	正阳街至朝阳街约 520m	街道空间界面功能混合程度较高，界面类型分布密度较高	

　　通过对比分析，如图 5-4 所示，哈尔滨中央大街对传统街道界面保

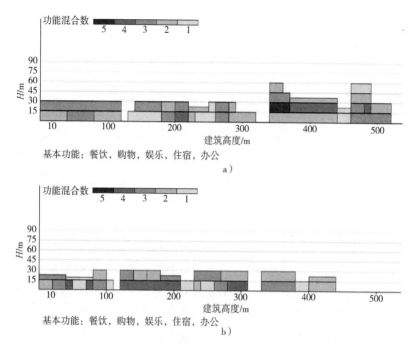

图 5-4　街道空间界面功能混合程度对比分析

a) 沈阳中街调研取样　b) 哈尔滨中央大街调研取样

持比较完整，以多层建筑为主，具有明显的异国风情，街道选取样本区段内，街道中的功能以购物和餐饮为主，并配合了部分娱乐、住宿、办公和休闲等功能，涵盖了比较丰富的街道内容，街道空间界面功能混合程度较高，人们在中央大街可以在相对比较近的距离内满足步行、购物、娱乐、休闲等行为需求。沈阳中街的空间界面由现代建筑和传统建筑相结合，部分建筑高度较高，呈现历史与现代相呼应的街道风格，街道选取样本区段内，有一部分大体量的商业综合体，集合购物、娱乐、餐饮、休闲、办公等多种复杂功能于一体，其商业功能更为庞杂，对于寒地城市街道空间，这类极度集约化的街道功能混合有助于应对冬季的寒冷气候，满足人们的多种行为需求。由此可见，寒地城市中紧凑化的街道空间界面功能混合和集约化街道界面类型分布密度有助于满足人们多种行为需求，对丰富寒地城市活力起到有效的推动作用。

5.2　积极互动的界面边缘

寒地城市空间的界面边缘处理方式对人的步行体验产生很大影响，能够和行人产生积极互动的街道界面边缘有利于激发多元化的街道行为，应充分挖掘寒地城市街道的界面边缘特质，使行人与街道两侧的建筑产生动态对话，增加街道界面的层次叠加，进而为行人创造更加丰富多彩的空间感受，给人们的城市行为提供更多的可能性和机会，以促进城市活力的提升。

5.2.1　介质的动态对话

建筑界面是围合寒地城市空间的组成要素，其在街道空间和建筑空间之间发挥着介质功能，将室内外空间有机地联系起来，寒地城市界面应尽可能地促进街道空间和建筑空间的积极对话，在人的步行过程中，街道向人们展现的是一个线性的动态变化介质，要不断地向街道中的行人传递丰富的信息，使人们在街道中的行为活动变得更加愉悦。人们只有在少于或等于5分钟步行路程时才有可能选择步行，功能齐全而又连续的商业廊道能加强街道的步行吸引力，并引导人们自觉地选择步行[22]。笔者通过对寒地城市街道进行的大量资料收集和实地调研，将适合寒地城市街道空间界面的介质形态总结为底层外廊、双层错落、过渡空间和纵向形变等四种主要样本模式，并通过一些寒地城市街道的优秀案例样本对这些模式的优势进行具体分析说明（表5-6）。

表5-6　寒地城市街道空间界面的适应模式

典型模式	基本形态	实际案例样本	优势分析
底层外廊			案例：德国汉堡某街道 优势分析：应对冬季不良气候，强化人的安全感、温暖感和舒适感，有助于激发更多的城市行为

（续）

典型模式	基本形态	实际案例样本	优势分析
双层错落			案例：哈尔滨某街道 优势分析：寒地城市特色空间类型，提供多层次的交流机会和兴趣点，促进人与街道的空间对话
过渡空间			案例：德国柏林某街道 优势分析：使用透明材质给人提供微观气候相对舒适的休闲空间，同时又是一道动态的街道景观，增加城市活力
纵向形变			案例：瑞典斯德哥尔摩某街道 优势分析：增加人在街道空间的新鲜感和趣味性，尽量弱化冬季气候带来的消极印象

1. 底层外廊

由于气候原因，很多寒地城市街道界面的底层添加了外廊空间，其附着在城市界面之外，将步行空间进行顶部遮蔽，可以延续几十米甚至几百米，在城市街道中形成了一个可以缓解冬季不良自然气候的条形空间。当人们在街道的底层外廊空间中活动时，城市空间的微观气候得到改善，同时柱廊对街道空间起到了限定作用，人在其中会感觉更加安全、温暖和舒适，有助于激发更多的街道行为发生，对城市活力的激发起到了很好的推动作用。如果能将外廊空间与各种通道、建筑入口、地下空间等有机地联系起来，就可以使寒地城市街道的步行系统更加完善化和舒适化。

2. 双层错落

双层错落的空间界面形态是一种在寒地城市中普遍存在的现象，目前，很多寒地城市拥有大量带有半地下空间的建筑，在街道两旁，这样的建筑通过向上和向下的楼梯与街道空间相连。由此，很多寒地城市界面在接近地面的区域就具有了这样双层错落的空间形态，这种城市空间界面形态将原本街道和建筑的横向联系翻倍，人与街道界面的交流机会也就翻倍，街道空间界面中人可以关注的兴趣点也相应翻倍，更加有利于促进人和街道界面的空间对话。

3. 过渡空间

寒地城市空间界面中的过渡空间是在原有建筑界面之外添加一个具有遮蔽功能的灰空间，其与底层外廊空间的区别在于，过渡空间仅限于靠近建筑界面的近距离范围内，只是起到衔接步行空间与建筑内部空间的作用，并不会对步行空间进行完全的覆盖，在寒地城市街道界面的过渡空间用透明材质遮蔽，可以在冬季获得更多的阳光，其中设置一些供人们休闲聊天的室外茶座等，夏季人们可以在街边纳凉，冬季人们可以在街边暂避风寒，这样的过渡空间在街道上给人们提供了一个相对舒适的休息环境，即可以活跃城市氛围，又可以成为一种动态城市景观，增加寒地城市的活力。

4. 纵向形变

寒地城市为了弱化冬季给人带来的乏味景观意向，在街道两侧界面的处理上应更多地添加纵向形变，而尽量避免那种毫无趣味的长距离水平延伸。城市空间界面的小尺度纵向划分可以让人在同样的步行距离内更多地感受空间变化带来的新鲜感，纵向的建筑线条凸凹变化还会让人感觉街道更加有趣，将人的注意力更多地吸引到城市街道界面的空间变化上，而尽量弱化冬季气候给城市行为带来的其他不便影响。

5.2.2 边界的模糊渗透

人在城市空间中的行为除了步行以外，更多的是停留、休息、交谈等，这些行为也是城市活力的源泉，因此，当人有这些行为需求时，就会在城市中寻找适合的空间，传统的寒地城市设计为了追求整齐划一、宏伟大气的效果，城市界面常常会给人冷冰冰的感觉，当我们以人的需求为出发点考虑寒地城市设计时，应该关注人的各种行为和心理需求，给人们提供更多停下来的好机会，为城市活力的提升创造良好的机会。

　　经过大量观察和调研发现，当人在寒地城市中选择可以逗留的空间时，会优先选择那些由建筑或构筑物围合的街道边界空间，因为如果人处在城市街道的边界空间中既不会影响其他人正常的步行活动，又可以背靠建筑物而在身体和心理上感觉有所依靠和庇护，还可以随时观察街道上发生的活动。由此可见，从人的行为特点和心理特点方面考虑，城市街道的边界空间可以给人带来安全、宁静的感觉和宜人的微观气候环境，尤其是在冬季天气情况不好的环境下。因此，在寒地城市设计中应尽量将这种边界效应放大，给人们创造更多的街道行为机会空间。

　　由于寒地城市四季变化明显，所以如果单纯依靠绿化和景观来营造城市的街道边界是不够的，还要更多地依靠街道中的固有建筑物和构筑物。为了创造更多适合行人逗留的边界空间，寒地城市界面设计应该对固定边界空间进行重点关注，使城市街道空间向建筑空间不断渗透，二者相生共融。因此，首先应该适度丰富和延长街道的边界线，使街道空间与建筑空间形成模糊渗透，在街道边界处尽量多地形成阴角空间，这些凹形的街道空间界限分明，可以给人带来一种若隐若现的半私密感，有利于人在街道上的长时间行为活动，提升城市的活力（图5-5）。

　　其次，应在寒地城市街道中尽量多的设置可以给人带来依靠感的边界，当人在寒地城市中活

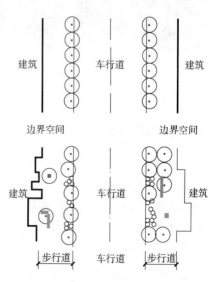

图 5-5　寒地城市街道的边界渗透对比

动时，他们会时刻关注街道界面的细部或来自建筑内部渗透的新鲜信息，这些都可以给人们在街道上的逗留带来支点和依靠。在寒地城市街道中设置适当的构筑物可以给人们的街道逗留提供很好的依靠边界，如图5-6所示，丹麦街头的石柱给人提供了一个很好的依靠，当天气好的时候人们就很愿意在街道上停留，会不由自主地走到石柱周围寻求依靠，这样就会在街道中感到不再孤单，安全感和稳定感得到大大提升。同时优秀的街道建筑界面也可以吸引人驻足，寒地城市建筑中柱廊、台阶、门斗等都给人们提供了很好的依靠机会，尤其是在寒冷的冬季，这些街道界面有助于遮蔽寒风。如图5-7所示，在加拿大的街头，当人们在街道中需要休息时，就很乐意选择在富有细部的柱廊下停留，坐下来享受阳光，同时等待其他街道行为的发生，成为一种十分惬意的街道生活体验。

图5-6　丹麦街头给人提供依靠的石柱[11]　　图5-7　加拿大街头引人逗留的凹形边界[11]

5.2.3　层次的多义叠加

寒地城市近些年更新速度较快，在社会商业化和信息化发展趋势的影响下，寒地城市街道界面中的商业招牌、广告、霓虹灯等附属物不断增多，使街道界面层次不断复杂化，对人的街道感受造成很大影响，因此，这些街道界面附属物成为寒地城市设计中不可忽视的要素。目前，很多寒地城市的街道附属物都是在街道界面形成以后添加上去的，其过程具有很强的随机性，例如很多商业招牌为了突出自己的商业效果，就喧宾夺主，完全不考虑周围的街道界面环境，甚至直接将街道的原有界

面进行遮蔽，人站在街道上就只能看到各种突出的框架，而完全看不到
街道的本来面目，使寒地城市界面形象受到严重破坏。

当从人本价值的视角来探讨寒地城市界面边缘时，首先应该从人的
视觉感知角度对寒地城市街道界面的层次进行合理设计，使寒地城市街
道界面层次既丰富又和谐，街道界面附属物与建筑立面之间进行多义化
的叠加。芦原义信在《街道的美学》一书中，将街道建筑界面轮廓分为
两个层次，建筑的第一次轮廓线即街道两侧建筑本来的外观形态，建筑
的第二次轮廓线即街道两侧建筑外墙突出物和临时附加物构成的形态。
芦原义信在对日本东京银座大街的研究中指出，如图 5-8 所示，若街道
界面上每隔 10m 即悬挂突出 1m 的侧招牌，那么在距离界面 3m 左右的
时候，人是几乎看不到建筑的第一界面的；若人在距离街道界面 6m 左
右的地方观察，侧招牌遮挡的街道界面部分与未遮挡部分大体相等；当
人距离街道界面更远时，被侧招牌遮挡的部分会相应减少[15]。由此可
见，人的视点距离街道界面越近的时候，其视线受到街道界面附属物的
遮挡也就越多，就越看不清建筑的第一次轮廓线，而对建筑第二次轮廓
线印象较深。因此，当人在城市街道中步行时，建筑的第二次轮廓线对
人的视觉感受影响较大，是人对街道形成印象的主要来源，应该对寒地
城市街道中建筑第二轮廓线进行详细设计。

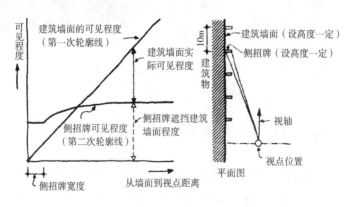

图 5-8　第一次轮廓线与第二次轮廓线可见程度示意[15]

　　针对寒地城市街道界面层次目前存在的问题，应妥善处理人的视觉感受和寒地城市街道整体界面形象的关系，针对不同的街道情况进行合理的街道界面层次设计和改造，步行道的宽度至少在 3m 以上，这样可以保证人能够同时看到街道的建筑界面与其上附加的其他多层次界面。对于寒地城市中新建的街道，应该在建设之前就将街道界面的空间层次做详细的设计分析，并在后期建设和发展中严格遵守最初的设计秩序；对于寒地城市中进行局部改造的街道，应使街道界面层次顺应现有街区环境，与原有街道界面空间层次有机融合；对于寒地城市中进行大面积更新的街道，应在原有界面层次的基础上进行合理整合，使更新后的街道界面秩序呈现更加丰富和多义的表达。以哈尔滨中央大街为例（图 5-9），经过多次改造更新，目前中央大街上的街道界面附属物已经由原来的杂乱无章转化为井然有序，街道界面层次的高度和范围得到了有效的控制，总体风格与建筑特色和城市文化相呼应，当人在中央大街上步行，可以清晰地感受到街道界面的原始面貌，建筑的第一次轮廓线和第二次轮廓线相得益彰。

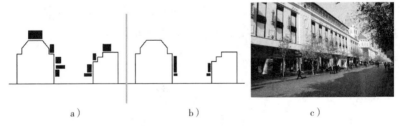

a）　　　　　　　　b）　　　　　　　　c）

图 5-9　哈尔滨中央大街界面层次改造对比
a）改造前　b）改造后　c）改造后实景

5.3　愉悦有趣的界面质感

　　愉悦有趣的街道界面质感可以极大地缓解寒地城市冬季冰冷、萧条的空间感受，通过不同材质的混合搭配以及不同色彩的混合拼贴，可以为寒地城市营造更加温暖、舒适的空间氛围，对人们的城市行为进行细致入微的关怀。

5.3.1　材质的混合搭配

寒地城市的界面质感与建筑立面材质的物质属性有直接关系，不同材质间混合搭配所形成的界面肌理也对城市界面质感有很大影响，从人本价值的理论出发，寒地城市界面应选择可以给人带来温暖感觉的材质，并适当增加各种材质之间的混合搭配程度，努力给人营造一种亲切、温暖、丰富的城市空间感受，以提升城市空间的活力氛围。

传统的寒地城市界面因受到气候影响，大多给人感觉比较封闭、厚重、结实，对石材、黏土砖等导热系数较小的材料使用频率较高，但是，随着保温技术的不断发展，很多原本导热系数较大的材料，如玻璃、铝板等，通过科学的加工处理和适当的构造设计，其保温性能得到了大大提高，近些年，寒地城市界面中对玻璃、金属等材质的使用面积也在不断扩大。因此，比较适合寒地城市街道界面的材质主要包括黏土砖、石材、玻璃、金属、木材等，通过对它们的各种属性进行对比分析，探讨了不同材质在寒地城市界面中的适用优势（表5-7）。

表 5-7　寒地城市界面适宜材质分析

适宜材质	属性对比	材质特性
黏土砖	保温性：强 开放性：弱 近人性：强	（1）粗糙的表面和厚重的颜色给人带来温暖的体验 （2）具有丰富的细部特征，给人带来亲切感 （3）粘结和拼贴样式灵活，界面效果较活跃
玻璃	保温性：较强 开放性：强 近人性：强	（1）通透性强，加强街道界面内外联系 （2）从建筑内部透出的温暖灯光可以缓解冬季街道寒冷的氛围，带给人温暖的感觉
石材	保温性：强 开放性：弱 近人性：较强	（1）厚重的质感给人带来安全的感觉 （2）具有良好的保温性能 （3）多线脚的细部处理可以拉近人与街道界面的距离
金属	保温性：较强 开放性：弱 近人性：弱	（1）简洁硬朗的材质特征有助于表达寒地城市街道界面的独特地域性格 （2）增加街道界面趣味性，给人带来新鲜感

（续）

适宜材质	属性对比	材质特性
木材	保温性：强 开放性：较弱 近人性：强	（1）具有细腻的视觉效果 （2）具有温暖的触感 （3）保温性能和装饰性能都比较突出

　　随着建筑技艺的不断更新，寒地城市界面材质的应用也有了创新性的变化，原本普通的材质经过不同的组织、搭配，会给人带来与以往截然不同的视觉和触觉效果。寒地城市界面材质更新变化的方式主要包括两种：一种是利用物理或化学的方法，对材质本身的表面属性进行改变，如材质的色彩、起伏状态等，如图5-10所示，将传统的玻璃材质加工成具有表面纹理和立体感的玻璃砖，加工后的玻璃即可以达到更加保温防寒的效果，又可以给人带来柔和、含蓄、千变万化的视觉和触觉感受；另一种是通过对材质的重新排列组合创造新的界面肌理，如材质的凸凹、质感等，如图5-11所示，将普通的黏土砖通过不同的粘结和排列方式形成了形态迥异的街道界面，黏土砖的煅烧工艺、粘结层的厚度、粘结方式等的差异，都会给寒地城市街道界面质感带来活跃的变化。例如，在德国柏林某街道界面处理中，在原本朴素单一的街道界面上，利用黏土砖的颜色、拼接方式和粘结方式的差异，创造了丰富、近人、有趣的街道界面，弱化了冬季缺乏绿化景观以及不良天气给人们的城市行为带来的消极影响，给寒冷的冬季带来一抹新鲜的活力（图5-12）。

　　此外，不同材质之间的适当混合搭配，也会给寒地城市街道界面带来丰富的空间体验，当多种不同肌理、质感的界面材质同时出现在城市

图5-10　玻璃砖的多种形态表达[23]

图 5-11　黏土砖的多种粘结方式[23]

界面中，不同材质的差异性和相似性会给人带来视觉的新鲜感和心理的兴奋感。针对适合寒地城市界面材质的混合搭配程度问题，选取了三个城市行为比较活跃的寒地城市街道样本进行详细调研和分析比评（表 5-8），分别是哈尔滨的果戈里大街、长春的桂林路和沈阳的中街，调研结

图 5-12　德国柏林黏土砖街道界面处理

果显示，界面材质的使用数量以及分布密度与寒地城市街道中人的行为活跃程度有密切关联，以 500m 作为一个空间段落，从三个样本街区的调研结果来看，长春桂林路由于街道两侧建筑以住宅为主，因此街道使用的材质数量比较少且稳定，而哈尔滨果戈里大街和沈阳中街的商业气息更为浓厚，其界面材质的使用数量均达到 3～5 种，在部分核心段落，界面材质的使用数量甚至超过 5 种，由此可见，活跃的城市街道行为与界面材质分布密度具有相辅相成的关系，因此，如果想创造富有生机的寒地城市街道空间，至少在每个空间段落中要保证约 4 种界面材质的混合搭配（图 5-13）。

表 5-8　寒地城市界面材质混合搭配调研取样

研究样本	范围选择	比评内容	样本形态
哈尔滨果戈里大街	人和街至革新街约440m	城市界面材质的使用数量适中，城市界面材质分布密度较密	

（续）

研究样本	范围选择	比评内容	样本形态
长春桂林路	新疆街至同志街约530m	城市界面材质的使用数量较多，城市界面材质分布密度密集	
沈阳中街	正阳街至朝阳街约520m	城市界面材质的使用数量多，城市界面材质分布密度密集	

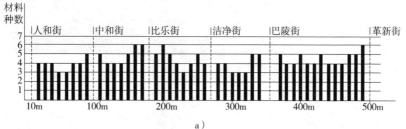

a）

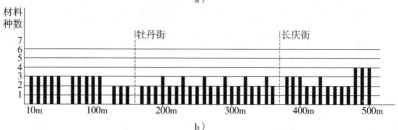

b）

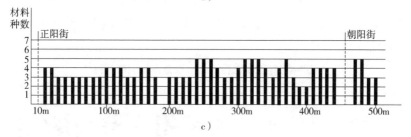

c）

图5-13　调研取样街道的材质混合搭配程度对比

a）哈尔滨果戈里大街调研取样　b）长春桂林路调研取样　c）沈阳中街调研取样

5.3.2　色彩的宜人拼贴

　　寒地城市四季气候差异较大，城市绿化的常绿时间较短，冬季往往给人一种单调、压抑、萧条的视觉感受，从人的视觉和心理感受角度考虑，寒地城市适宜选择以暖色调为主、并同时具有丰富变化的城市色彩，以此增加寒地城市活力，延长冬季里人在城市中的活动时间。寒地城市的色彩主要靠街道两侧建筑界面、街道景观设施、街道绿化等方面共同营造，在寒冷的冬季，城市街道界面的色彩在这些方面中所占的面积比例最大，因此，寒地城市街道界面的色彩拼贴对人的街道体验起到了主导性作用，直接决定了寒地城市色彩的基调。

　　我国大部分寒地城市街道界面色彩并不具有鲜明的个性，往往都是生硬地模仿其他地区的城市色彩，而忽视了寒地城市气候的寒冷特质，在城市色彩方面的发展比较盲目并缺乏详细规划。当我们从寒地城市街道的使用者——人的角度来探讨街

图 5-14　德国科隆街道的丰富色彩拼贴

道色彩的问题，才是对寒地城市街道界面色彩设计的本质回归，具有地域特色的寒地城市街道界面色彩设计应该从色彩美学、色彩心理学、地域文化等多方面着手，形成风格独特的寒地城市街道界面色彩。在芬兰、冰岛、德国、瑞士等国家的寒地城市中，街道界面色彩设计的相当丰富，如图 5-14 所示，在德国科隆用不同的暖色系色彩拼贴的街道界面，配以古朴丰富的建筑形态，即使在寒冷的冬季也会给人带来新鲜的视觉感受，使人的心情豁然开朗。欧洲的很多寒地城市在冬季还会在街道界面上悬挂各种式样、五颜六色的旗帜和灯饰，在增加了街道界面层次的同时，也丰富了街道界面的色彩，给寒冷的冬季带来无限的生机（图 5-15）。

我国的寒地城市除了具有气候特色之外，还具有不同的发展历史，在进行寒地城市街道界面色彩设计时，应对自然地理、城市文化、历史文脉等诸多要素进行统筹，通过城市街道界面色彩打造寒地城市的品牌效应。见表5-9，寒地城市根据自身

图 5-15　德国慕尼黑圣诞节悬挂的街道装饰

历史和发展进程的不同，具有迥异的城市定位，分别偏重于工业、商业、文化、旅游等不同的方向，因此，其城市街道界面的色彩也表现出差异化的性格特征。以长春为例，其城市发展经历了建城初期阶段、满铁附属地阶段、伪满阶段以及新中国建设阶段的不同历史发展时期，逐渐形成了鲜明的城市街道界面色彩整体风格，以暖色系的黄灰和红灰为主[24]。再以沈阳为例，其是我国东北地区的中心城市、重工业基地、满文化的发源地、中国经济第四增长极核心城市，因此，沈阳的城市街道界面色彩应该具有广泛的包容性，将这些城市特色在一个整体的基调下逐一体现，要着力保持城市不同特质应有的个性，体现出丰富的城市内涵和街道活力。寒地城市街道的界面色彩设计只有以城市自身资源为基础，才能够真正提高人们对寒地城市街道的认知程度，并给人们的城市行为带来更多的愉悦体验。

表 5-9　寒地城市街道界面色彩特征

城市名称	城市定位	适宜的色彩特征	城市主色调
哈尔滨	异域文化名城、冰城夏都	带有异国浪漫情趣的暖色系	米黄、白
齐齐哈尔	生态旅游城市	明快清新、富有活力	—
长春	汽车城、森林城、电影城	素雅而不失生机	黄灰、红灰
吉林	化工城市、历史文化名城	沉稳严谨且带有新鲜感	—
沈阳	工业城市、商业城市	包容性强、丰富生动	浅灰、浅咖

第6章

城市步行空间的庇护

城市活力的营造与城市步行空间的环境质量有着直接关系，尤其对于寒冷地区的城市，冬季气候寒冷漫长，并时常受到大风、积雪等不利因素影响，城市步行空间受到气候的干扰较大，因此，对城市步行空间的适当庇护就显得尤为重要，可以明显提升寒地城市的冬季活力。寒地步行空间设计应该对人的行为进行有效庇护，尽量减少冬季气候对人的行为产生的不良影响。目前，寒地城市在步行空间的庇护方面也做出了很多尝试，尤其是在发达国家的寒地城市中，城市步行空间已呈现室内演化趋势，并不断地向系统化和景观化方向发展，可以有效延长人们的冬季街道活动时间，从而大幅提升寒地城市的冬季活力。

6.1 步行空间的室内演化

城市步行空间的室内演化对寒冷地区城市的冬季气候进行了积极的应对，并呈现出不同的层次，按照其室内化程度的大小，可将其分为半遮蔽的步行空间、全遮蔽的步行空间、全封闭的步行空间和地下步行空间四种类型，见表6-1，其中地下步行空间与前三种类型区别比较明显，设计方式也略有不同，因此将在下一章中对地下步行空间进行单独分析，本章重点关注的是在地面及地面以上城市步行空间的庇护问题。

表 6-1　寒地城市街道步行空间室内演化类型

半遮蔽的步行空间	全遮蔽的步行空间	全封闭的步行空间	地下步行空间

6.1.1 半遮蔽的步行空间

半遮蔽步行空间指的是对城市步行空间进行部分遮蔽的类型，一般结合城市街道两侧建筑的底层空间对街道做延伸的覆盖面，这种方式可以对冬季的恶劣气候进行一定的改善，为步行空间中的行人遮挡部分风雪，提供相对舒适的步行环境。半遮蔽的步行空间可以结合寒地建筑设计共同进行，经济性较好，还可以结合街道底层界面创造更加富有趣味性的步行空间，使人们的冬季街道活动不会那么枯燥乏味，留给人们更多积极的城市印象。

半遮蔽步行空间可以通过建筑首层加宽的挑檐来实现，同时配合近人的街道底层界面，可以是琳琅满目的橱窗展示，或者是具有丰富细部的建筑，也或者是可以与行人进行互动的界面，半遮蔽的步行空间可以结合城市界面进行一体化的设计。

图 6-1 半遮蔽和有趣的街道空间

如图 6-1 所示为德国柏林的一条步行道，其建筑的底层空间设计了接近 2m 宽的檐部出挑，遮挡了近 1/3 的街道步行空间，如果在冬季下雪或刮风的天气下，靠近建筑的一侧步行空间就会凸显出极大的优势。设计师还特意将建筑的底层界面设计成透明的波浪形，当人行走在街道中，其在玻璃上的影子随着波浪而产生不断的形态变化，通透的玻璃界面还增进了步行空间与建筑空间的信息互动，这给人的步行活动增添了无限乐趣，可以弱化气候环境给人带来的不适感受。当对步行空间进行有意识的遮蔽后，人在街道中的活动会主动向受遮蔽的一侧靠拢，如图 6-2 所示，当人在街道中逗留时，会倾向于选择被遮蔽部分的座椅，在寒冷的冬季，这样的座位会有更好的微观气候，延长人在街道中的逗留时间，一定程度上弥补了不良气候对人的街道行为的影响。

另外，寒地城市中的建筑常利用凹进空间来调节步行空间的微观气候，如果将凹进空间进行适当的遮蔽，可以同时为人们提供良好的步行节点空间和建筑入口空间。如图 6-3 所示，德国柏林某大型建筑的入口空间采用凹进和半遮蔽的设计手法，不但改善了建筑入口空间的环境质量，还给步行空间提供了有效的气候防护，将街道空间与建筑空间有机地联系在一起，使人的步行感受既安全又舒适。

图 6-2　人们主动选择被遮蔽的街道空间　　图 6-3　建筑入口的凹进和半遮蔽

6.1.2　全遮蔽的步行空间

全遮蔽的步行空间是指对城市步行道的顶界面进行完全遮蔽的类型，常见于给步行空间安装遮蔽顶棚或街道底层界面外附加的柱廊等多种形式，这种方式可以对步行空间进行完全遮蔽，防止雨雪和寒风侵袭，给人提供更加稳定、惬意的步行和活动空间。如果能在寒地城市中尽量多地设置全遮蔽的步行空间，并配以适当的景观设计，将大大提升寒地城市的冬季空间环境品质。

全遮蔽步行空间包括对步行道的遮蔽和步行节点空间的遮蔽，使人的街道行为可以获得全过程的气候防护，即使在寒冷的冬季，人们也可以享受相对舒适的室外活动时光，增添寒地城市的冬季活力。全遮蔽的步行空间应保证其通透性和轻盈感，使人在得到庇护的同时并不丧失和室外空间的联系，同时也不会产生压抑的感觉。德国的波茨坦广场作为柏林的步行中心区，利用巨大的圆形张拉膜结构顶棚对步行空间进行完全遮蔽，环形的建筑布局方式形成了较好的空间围合感，可以对冬季寒风进行有效的遮挡，满足人们在寒冷季节和雨雪天气时的室外活动需求。同时，对绿化和景观设施的恰当处理，也有助于延长人们的逗留时间，在波茨坦广场中还设置了很多配有加热装置的座椅，并提供了可以御寒的毛毯供人们在寒冷的季节使用，绿化设施在冬季里也都经过精心装饰和设计，如挂满彩灯的景观树和经过处理的喷泉地面等，尤其是圣诞节期间，各种圣诞树、彩灯、挂饰等给人们带来了欢乐的节日气氛，吸引更多的人来这里聚会、活动（图6-4）。

a) b) c)

图6-4 德国柏林波茨坦中心

a) 环形空间 b) 步行空间内的精心装饰 c) 遮蔽的膜结构

另外，也有很多寒地城市利用柱廊将步行空间进行遮蔽，具有丰富细部的柱廊空间遮挡了不利气候的影响，又给人的步行活动带来空间限

图6-5 德国汉堡中心区被拱廊遮蔽的步行空间

定感，这样的步行环境使人感觉比较稳定和安逸。在德国汉堡中心区的步行道用柱廊空间覆盖，白色的柱廊和海鸥及水面形成了令人惬意的步行环境（图6-5），即使在寒冷的冬季，人们也愿意在这里驻足观赏，在柱廊的靠建

筑一侧，还设置了很多展示不同商品的橱窗，精美的设计吸引了人们的目光，使步行空间更加富有乐趣（图6-6）。

6.1.3 全封闭的步行空间

全封闭的步行空间指的是将城市步行道的顶界面和侧界面进行完全封闭的类型，一般是将步行空间用玻璃或其他透光性材质进行封闭，具有全天候的气候防护作用。全封闭的步行空间可以让人们免受不良气候影响，即使在室外环境比较恶劣的冬季，依然可以在舒适的环境内进行逛街、购物、聚会等街道活动，受到寒地城市居民的广泛欢迎。

图6-6 拱廊中的橱窗展示

全封闭的步行空间往往利用玻璃顶将街道两侧的建筑界面进行连接，形成封闭的室内街空间，适合于宽度较小的街道，或是步行系统的中心枢纽位置。在气候寒冷的冬季，人们在室内街中既可以享受温暖的阳光，又可以免受寒风雨雪的侵袭；同时可使室内空间得以延续扩展，有效抵御冬季严寒、保证冬季活动的安全性和舒适性，为社会交往活动的开展提供便利[25]。全封闭的步行空间适用于人流比较密集的寒地城市局部区域，应尽量做得比较通透，使人在其中可以同时感受到室外空间的信息，通过合理的层次设计和景观设计，营造具有活力的城市空间。

哈尔滨中央大街在进行辅街改造的过程中，对西十道街进行了部分的全封闭处理，如图6-7所示，用玻璃体将街道两侧的建筑联系在一起，并对两侧的建筑界面进行了室内化改造，既是可以通行的街道步行空间，又是大型商场的入口中庭，形成了一处集购物、休闲、娱乐于一体的城市节点空间。改造后的西十道街具有更丰富的街道内容和更舒适

图 6-7　全封闭处理的哈尔滨十道街

a) 全玻璃封闭　b) 结合建筑界面的内部空间　c) 内部表演互动

的街道环境，古典风格历史建筑界面与现代玻璃幕墙的结合给人带来强烈的视觉冲击，凸显了寒地城市的现代演绎，符合人们对当代寒地城市发展的新需求，因此人的活动频率明显上升，尤其是在寒冷的冬季，适宜的内部环境吸引了很多人在这里休闲、购物、聚会。再如德国柏林中央火车站的设计也包含了室内街的理念（图6-8），其在垂直方向上共分为五个层次，并用电梯、扶梯等进行相连，形成了穿插错落的步行空间，整个空间用玻璃体全部覆盖，其内部拥有 80 多个店铺和各类休闲空间，使火车站不仅是一个城市交通枢纽，还更多地发挥着购物、休闲的功能，成为一个受庇护的小型立体街道步行空间。寒地城市全封闭的庇护系统对冬季的步行环境有着明显的影响，人们都倾向于选择具有气候防护功能的室内步道（图6-9）。

a） b）

图 6-8 德国柏林火车站室内街

a）通透错落的内部层次 b）温暖舒适的购物和休息空间

a） b）

图 6-9 加拿大冬季庇护空间内外步行环境对比[26]

a）封闭步道内部 b）室外步行环境

6.2 步行庇护系统的网络贯通

　　寒地城市步行庇护系统只有达到一定的规模和覆盖面积，并保证系统内部的良好衔接和提高庇护系统的通达性，才能形成具有一定效率的寒地城市步行系统气候防护网络。在冬季室外气候不佳的状况下，网络贯通的寒地城市步行庇护系统可以为行人提供相对舒适的步行空间，尽量减弱冬季不良气候对行人街道行为的干扰。

6.2.1 规模性的扩大

寒地城市步行空间的庇护系统只有形成一定的规模才能真正达到气候防护的目的，因此，庇护空间的网络化和连续化尤为重要，只有建立大面积较为完善的贯通网络，才能对人的街道行为质量进行有效保证。在一些发达国家的寒地城市中，城市步行空间的庇护网络规模正在逐年扩大，并呈现快速发展的趋势，我国目前寒地城市的地上庇护系统发展还处于比较初级的阶段，没有形成规模性，主要集中在某些城市中心的局部区域，对冬季气候的防护作用也不够明显，有待进一步的改善和优化。

为了形成具有规模的步行庇护系统，寒地城市应增加半遮蔽步行空间、全遮蔽步行空间和全封闭步行空间的面积，结合城市街道中的重要单体建筑，共同形成连贯的庇护网络。寒地城市的街道庇护系统可以充分利用建筑的中庭、通廊、门厅等公共空间，将城市街道中的重要建筑都纳入到庇护系统中，扩大覆盖规模，增加系统内部的功能多样性，使寒地城市步行庇护系统可以满足人的各种行为需求，免受不良气候的干扰。在寒冷的冬季对人的行为庇护做得比较完善也比较早的是美国的著名寒地城市明尼阿波利斯市，该市最早以发展空中步道系统的方式来对人的街道行为进行有效庇护，如图6-10所示，主要是利用封闭的连廊空间将建筑与建筑之间贯通，形成了全天候的室内步行环境，十分有效地提升了冬季街道的活力，使人们的冬季出行更加便捷和舒适。明尼阿波利斯市通过全封闭的空中步道系统将人的步行活动与机动车交通和轻轨交通进行了有效的层次分离，既保证了机动车的快速通行，又保证了人的步行环境质量，互不干扰，同时符合寒地城市气候特色需求和现代交通快速发展的需求。

步行空间庇护系统发展较好、规模较大的典型寒地城市还有美国的圣保罗市、瑞典的马尔默市、加拿大的卡尔加里市等，其中美国的圣保罗市利用30余座四通八达的空中步道将市中心区域进行完整连接，使人的冬季街道行为得到良好庇护（图6-11）；瑞典的马尔默市引入带状

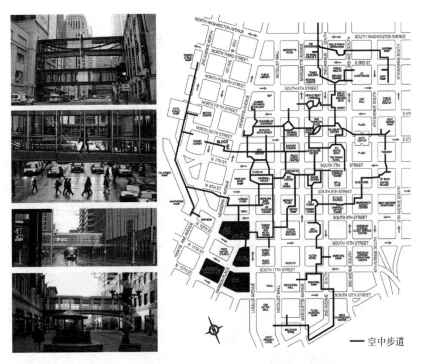

图 6-10　美国明尼阿波利斯市中心空中步道系统[27]

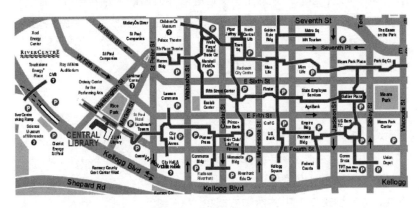

图 6-11　美国圣保罗市中心空中步道系统[28]

"双层城市"的概念，使街道中人与车的活动分离开来，提高街道的通行效率和质量；加拿大的卡尔加里市以"+15 英尺"的街道设计理念而闻名，人的步行空间设置在离地面15英尺（约5m）的位置，利用40余座空中步道将市中心的办公楼、商场、停车场、娱乐场所、广场等进行连接，以此提供有效的冬季气候防护，是目前世界上规模最大的空中步道系统。

我国寒地城市步行庇护系统目前发展规模较小，基于步行空间庇护系统对冬季气候防护和城市交通、城市活力的巨大影响，其一定会在未来的寒地城市发展中具有良好的前景。寒地城市步行系统的规模扩大有助于刺激城市发展的连锁效应，冬季城市活力的提升必定会带动城市政治、经济、文化的全面发展，应该将步行空间的庇护系统设计纳入到我国寒地城市规划中，使其与相连建筑、地面交通、地下交通、竖向交通等共同构成气候防护网络，并且进行统一设计，形成规模化、秩序化、细致化的步行庇护网络，大大改善人在冬季的街道行为感受。

6.2.2 通达性的提升

寒地城市步行空间的庇护系统在具有一定规模以后，其内部空间体系的组织就显得尤为重要，庞大的庇护网络涉及空中步道、建筑内部空间、地面步道、垂直交通、地下交通等诸多方面的内容，如果不能将这些要素进行有机整合，必定会出现混乱的局面。因此，为了提高寒地城市步行庇护系统的使用效率并给人们提供便捷的步行条件，必须尽量提升步行空间庇护系统的通达性。

步行空间庇护系统建立了寒地城市街道和城市建筑的联系桥梁，不仅对人的街道行为活动进行气候防护，更是促进了城市公共空间的快速积极发展，人在城市街道中的活动方式更加多样，是一种人、街道、建筑、城市之间的良性循环（图6-12）。寒地城市的步行庇护网络要将城市三维层

图6-12　庇护系统与城市、建筑的关系

次的元素组织连接在一起，形成"通道树形"体系[29]，在水平方向上合理组织空中步道系统、地面步道系统和地铁线等要素，在竖直方向上，合理组织电梯、扶梯、入口、广场等要素，如果将它们联系得四通八达，这在很大程度上扩大了人们的冬季活动范围，给人们提供了更多的行为可能（图 6-13）。例如，美国明尼阿波利斯市的步行空间庇护网络的通达性很强，其将空中步道、建筑、地铁等联系在一起，形成一个庞大的步行网

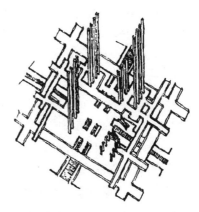

图 6-13　"通道树形"庇护体系示意图[29]

络，如图 6-14 所示为明尼阿波利斯市中心的一个大型商业综合体的内部空间，其规模跨越了两个城市街区，并通过空中步道系统与周围的大型商业、办公楼联系在一起，使人在冬季可以不用踏出室外就能到达目标地点。

　　人们希望街道步行庇护系统与城市交通进行无缝连接，以保证出行环境的全程舒适度，如选择地铁这种不受天气影响的公共交通方式，因此，在进行寒地城市设计时，应尽量让步行空间庇护系统与地铁等交通站点进行更发达的连接，优先满足人们的公共交通需求。建筑综合体和建筑中庭空间是集合多种功能于一体的城市空间，能够满足人们的多种出行需求，因此，也应该尽量多地与步行庇护系统相连。地下车库、建筑入口和下沉广场这类空间目标限定比较明显，人

图 6-14　美国明尼阿波利斯市某大型商业综合体交通中庭

的使用频率也受到一定的限制,可以根据具体街区情况与步行庇护系统进行适当的连接。

　　寒地城市步行庇护网络与城市建筑之间的连通形式也十分多样,主要模式有复合、穿插、串联、并联和层叠,如图6-15所示,复合模式是步行庇护空间与建筑空间融为一体,具有很强的公共性和开放性,但其边界模糊的特点容易造成管理困难,适合小范围的庇护系统;穿插模式是街道步行庇护空间与建筑空间交叉相连,需要借助建筑空间的垂直交通体系,对建筑空间影响较大;串联模式是利用空中步道将不同的建筑联系在一起,形成连续的庇护空间,具有明确的空间导向性,人的步行路径选择性较小;并联模式是利用独立的空中步道进行分支,再与不同的建筑空间相连,庇护系统内部空间流线更为明晰,且选择性强,是效率较高的连接方式,适合大面积的步行空间庇护系统;层叠模式是步行庇护空间与建筑空间的立体组合,在垂直方向上对各种空间进行整合,适合于庇护系统的核心区域层次整合。

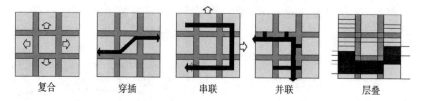

复合　　　　穿插　　　　串联　　　　并联　　　　层叠

图6-15　街道庇护网络与城市建筑之间的联通形式[30]

　　由此可见,不同的模式具有不同的空间特点,在寒地城市中往往是将这些模式进行综合应用,发挥每种模式的最大优势,共同组成适合人的行为活动特点的庇护网络。寒地城市街道的步行空间庇护系统应该向立体化、复合化的方向发展,将步行交通与城市公共交通和建筑综合体融合贯通,相互渗透关联,增加城市空间的步行可达性,给人们创造一个富有全季节活力的城市空间。

6.3　步行庇护空间的景观营造

寒地城市步行庇护空间在为人们提供气候防护的同时，还应保证其内部良好的景观效果，以满足人们在冬季渴望进行室外活动的愿望，将绿色景观引入到庇护系统内部，以丰富视觉环境，并将具有寒地特色的景观元素融入庇护系统中，可以为人们的步行环境增添更多的趣味性和新鲜感。

6.3.1　地域特色彰显

寒地城市步行空间庇护系统主要用于对冬季气候的防护，因此，其在内部空间的景观营造方面应该凸显寒地城市独特的地域特色，给行走在其中的人们留下深刻的印象，这样有助于建立积极的寒地城市形象，提高人们对寒地城市的地域认知以及寒地城市的冬季活力。

寒地城市特色的彰显可以在庇护系统内部的空间组织、结构设计、构造装饰、色彩搭配等方面得到体现，硬朗的线条和强烈的体量错落可以体现寒地城市人们大气、豪放的性格特征，冰雪形态的变相衍生应用可以凸显寒地城市独特的气候特征，大胆鲜艳的色彩可以给单调的内部空间注入活力。如图 6-16 所示为美国明尼阿波利斯市空中步道的内部

图 6-16　具有不同空间特色的空中步道

景观，其全市 30 多个空中步道具有不同的内部空间感受，菱形的阵列式装饰既是结构元素又是装饰元素，银色的构架让人联想到冬季冰雪，同时又不失现代气息。另外还有一些空中步道利用鲜艳的红色、绿色等色彩进行内部构架的装饰，形成了富有张力的空间感受，使每个空中步道都有自己的独立个性，增加人对步行空间的辨识度。

在寒地城市中那些利用原有街道界面形成的庇护空间，其内部空间本身就体现了寒地城市的建筑特色，厚重的体量组合和结实的材料质感都是具有寒地特色的景观元素，再配合具有地域色彩的建筑装饰和景观设施，使人步行在空间内部可以体会到强烈的寒地特色。如图 6-17 所示为美国明尼阿波利斯市某步行庇护空间内部景观，曲折的空间序列使建筑界面本身就成为了街道景观之一，穿插在其中的空中步道更是增添了空间的层次感和趣味性，温暖的色彩和精致的细部设计给人创造了一个舒适惬意的步行环境。

图 6-17　美国明尼阿波利斯市
某庇护空间内部景观

很多寒地城市在冬季都会迎来重要的节日和活动，例如新年、圣诞节、冰雪节等，此时，就会出现大量的临时步行庇护空间，这种类型的空间具有时效性和特殊性，因此更应该着重凸显寒地特色主题。临时步行庇护空间由于使用时间不长，所以往往会选用经济性较好的材质，如透明的塑料、膜结构，还有可拆卸的钢结构来完成空间的构建。如图 6-18 所示为德国在圣诞节期间街道上临时搭建的供人休息的街道庇护空间，当人们在圣诞市场中行走得感觉疲惫时，就可以到用木材和透明薄膜搭建的临时咖啡座中休息，品尝着热腾腾咖啡的同时，还能观察到街道上行人的活动，形成积极的良性互动。如图 6-19 所示为德国街道上临时搭建的活动舞台，舞台的四周用透明薄膜遮蔽，同时舞台布置上也以冰雪的颜色为主色调，着重凸显冰雪、圣诞、松树、壁炉等极具冬季色彩的元素，使人能够感受到强烈的寒地特征。

图 6-18　透明薄膜临时遮蔽的
圣诞主题街道休息空间

图 6-19　德国街头透明薄膜临时
遮蔽的冰雪主题舞台

6.3.2　绿色景观引入

寒地城市步行空间的庇护系统不仅要对人的行为进行必要的气候防护，更要为人们创造景观环境优美的步行空间。寒地城市冬季室外景观萧条，万物凋零，容易给人带来灰暗阴郁的感受，可以通过对步行空间庇护系统内部环境的景观处理，将绿色植物和阳光引入到步行空间中，使寒地城市的人们在冬季也可以体验到花木葱郁的绿色步行环境。

寒地城市的冬季阳光和绿色植物对步行空间而言都是弥足珍贵的资源，在进行步行空间庇护系统设计时，可以为顶棚选择透光性强的材质，让更多的阳光照射到人们的步行空间中，并同时给人带来温暖的身体感受。另外，绿色植物和五

图 6-20　美国明尼阿波利斯市
某连接中庭

颜六色的花卉可以给庇护空间内部带来盎然生机，与室外孤寂寒冷的景观印象形成明显对比，给人带来新鲜活跃的感受。如图6-20所示为美国明尼阿波利斯市某空中步道系统的连接中庭，具有现代感的玻璃和钢材构成了极具韵律感的透明顶棚，带来了充足阳光和温暖的同时，其错落变化的布置使整个空间变得更加灵动和丰富，给人带来视觉和空间上的刺激，中庭中布满的绿色景观树木同样可以给人带来耳目一新的新鲜感受，使人忘记室外寒冷的天气，尽情享受美好的步行时光。又如图6-21所示为明尼阿波利斯市某空中步道系统连接的室内大型游乐场，人们可以和夏天一样，在这里体验各种娱乐游戏设施，观赏精美的植物景观，丝毫不会因为寒冷的天气而影响人们的行为活动。另外，还有一些设置在步行庇护空间中的冬季花园，专门为人们提供冬季绿色休闲空间，如图6-22所示为英国谢菲尔德市的步行庇护系统中包含的冬季花园，位于市中心的步行空间庇护系统将地面街道、大型商场和冬季花园联系在一起，冬季花园中设置了种类丰富的绿色植物和充足的休息座椅，人们可以在这里驻足休息，感受优美的绿色景观。

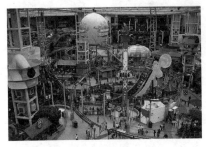

图6-21　美国明尼阿波利斯市　　　　　图6-22　英国谢菲尔德市
　　　　某大型室内游乐场　　　　　　　　　　冬季花园

在寒地城市街道庇护空间内部，人们对绿化和阳光的渴望较为明显，应该在设计中进行着重考虑和满足，合理设置庇护空间内部的采光方式，选择合适的透光材料等，并选择适合在冬季室内生长的植物品种，配合部分花卉，同时对颜色和形态进行合理的层次搭配，以达到最好的视觉景观效果。另外，当庇护空间距离较长时，应该考虑设置适当的休息空间，对座椅的位置、排列、尺寸、材质等进行详细设计，给人们提供可以中途休息的场所。在庇护空间的核心区域还可以选择性地设置雕塑、水景和游戏设施，以提高寒地城市街道庇护空间内部的活力，尤其是在寒冷的冬季，人们的室外活动受到严重限制，此时会有更多的人希望其街道休闲娱乐活动可以得到很好的庇护。我国寒地城市街道目前庇护空间规模较小且内部景观设置也相对匮乏，应该在今后的发展中不断完善和进步，使人们在庇护空间内部的空间感受和视觉感受得到改善，以此来提升寒地城市的冬季活力。

第7章
城市地下公共空间的拓展

　　寒地城市公共空间的气候防护方式有很多种，除了第6章中所分析的地面以上的庇护系统外，发展地下空间也是寒地城市进行气候防护的有效方式，可以使人的城市活动在垂直方向上得到有效扩展，从而有效提高寒地城市的冬季活力。与寒地城市的室外空间庇护系统相比，地下公共空间系统具有节约能源和城市用地等诸多优势，有利于寒地城市的集约化发展，是一种面对冬季气候的积极应对方式。我国寒地城市拥有部分二战时期遗留下来的地下空间，可以作为地下公共空间发展的有利基础，并结合地铁、停车场、商场、办公楼等公共设施进行协调发展，创造不受室外天气干扰的城市地下步行系统。

7.1　地下空间的拓展优势

　　地下空间具有气候防护、节约能源、空间优化等诸多优势，在寒地城市中适当开发地下空间可以弥补气候给人带来的不良体验，促进能源的有效利用，实现寒地城市的可持续发展，并通过对步行空间的优化重组，极大地改善步行效率，同时满足人们的多元化需求，给城市活力提升提供良好的前提条件。

7.1.1　不良气候防护

　　寒地城市冬季漫长并伴有寒风、降雪等不良天气，室外平均气温较低，使人的步行体验受到很大的影响。以哈尔滨为例，其冬季室外最低气温可达 –30℃左右，寒冷的天气给人们的出行带来诸多不便，如果遇到降雪或大风天气，室外环境更是糟糕，很多人被迫留在室内而尽量减少户外活动时间，这在一定程度上限制了寒地城市的社会、经济和文化发展，不利于寒地城市的活力营造。

城市地下空间的环境热稳定性较好，冬夏温差较小，可以给人们提供抵御寒冷气候的步行空间。如图 7-1 所示，地下土壤中的含水层具有很大热容，外界的热量向地下空间的渗透时间得到延迟，使地下步行空间可以在一年四季都保持一个相对稳定和舒适的温度。据研究表明，在地下 10m 左右的深度位置，存在一个热波动，此

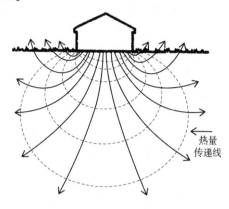

图 7-1　土壤与地表热量传递曲线[14]

后随着深度的不断增加，这种热波动逐渐减弱[31]。由此可见，在地下 10m 处的土壤温度可以保持一定的稳定性和连贯性，从而实现冬暖夏凉的地下温度环境（图 7-2）。因此，寒地城市地下空间的发展具有很大优势，可以给人们提供一个冬夏皆宜的步行活动空间。

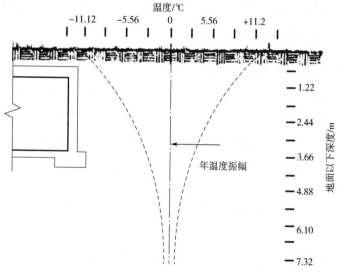

图 7-2　地下空间深度与温度年振幅曲线[14]

7.1.2　能源节约利用

　　寒地城市冬季供暖需要消耗大量的能源，具有庇护功能的地上步行空间为了给人们创造适宜的温度环境，大多会借助空调等取暖设备，而寒地城市一般冬季持续时间较长，势必会浪费大量的能源。在倡导城市可持续发展的今天，我们应该尝试更多地利用自然能源来满足步行空间的冬季供暖问题，因此，利用地下空间对人的步行活动进行庇护的方式是非常适合寒地城市的。

　　寒地城市的地下公共空间受室外温度变化影响较小，地下空间可以利用其极好的热稳定性为人的步行活动提供舒适的温度，而较少需要额外的能源消耗，也没有寒风的侵袭，由于周围土壤温度比较稳定，所以在冬季地下公共空间的内部环境比较温和，在供暖上所消耗的能源也相对较少。随着寒地城市在水平方向上的不断扩张，需要进行冬季供暖的城市面积也越来越大，供暖管网也越来越长，在热量传递过程中的能量损失也越来越多，此时，开发地下步行空间的优势就更加突出。开发和利用街道地下空间可以促进寒地城市的紧凑型发展，使城市有限的土地得到高效利用，减少供暖管网长度，是一种节约型的城市发展模式，并有助于避免对非可再生资源的浪费。

7.1.3　空间优化重组

　　寒地城市的地下公共空间可以对周边的城市功能、建筑空间、公共设施等进行优化整合，使步行空间可以与公共交通、建筑入口、城市空间连为一体，提高了人的步行效率，使城市步行空间的通达性大大提升。通过对寒地城市地下公共空间的开发，可以将大量的人流吸引到地下的高效交通系统中，例如地铁，这样就可以大幅度减少地面上汽车的使用量，增加了人们步行的空间，提高了人们生活、行走的安全性，也减少了汽车对城市环境的污染。

　　寒地城市开发和使用地下空间还可以增加地面上的绿色开敞空间、引入安全的步行网络和减少交通噪声等，对地面以上的城市步行环境改善也有很多的帮助。另外，寒地城市地下公共空间应该注重其内部的空间布置和景观布置，给人们创造一个具有良好视觉感受的步行环境，同时还可以引入各种城市活动，来增加地下公共空间的活力，使其不仅能满足人们的交通需求，还可以更多

图 7-3 哈尔滨红博地下街道空间枢纽

地满足人们休闲、娱乐等更高层次的行为需求。在我国的寒地城市中，例如哈尔滨、长春等，在二战期间都遗留了很多的地下人防空间，如图 7-3 所示为哈尔滨红博地下街道空间的核心区域，其连接了整个街区四通八达的建筑空间和城市空间，目前经过一定的改造，结合商业空间的设置，已经形成了初具规模的地下街道空间系统，其中包含了零售店、KTV、电影院、游戏城、餐厅、咖啡馆等很多时尚娱乐服务空间，形成了较为完善的购物休闲空间[32]，这样不但节省了开发地下空间的费用，还可以实现多层次的空间组合，使寒地城市空间更多地承载地域文化和特色，给人们的各种活动提供更多的选择和便捷。

7.2 城市空间的纵向共生

地下空间作为寒地城市步行系统的重要组成部分应尽量和地面及地上空间保持顺畅的联系，在纵深方向形成一个完整的共生体系，使人们的步行活动可以在多维度上得到便捷的延伸和扩展，这样不仅可以保证整个步行系统达到效率最大化，还可以为行人提供完整的全天候气候防护步行空间，尤其在寒冷的冬季，完善化的地下步行网络可以给行人的活动提供更加舒适便捷的体验。

7.2.1 纵向发展网络完善化

地下公共空间的发展对寒地城市而言具有很多优势，其在发达国家的寒地城市中得到迅速发展，并与城市中的地铁、车站、商业建筑、办公建筑等结合在一起，形成完善的地下网络，集约化的地下空间有效地缩短了人们的步行距离，使人们的各种活动在得到气候防护的同时变得更加方便快捷，提高了寒地城市步行交通的效率，增添了寒地城市的冬季活力。

寒地城市中心区是大量商业活动和社交活动的聚集地，在市中心发展地下公共空间可以给人们的各种行为活动创造更加便捷舒适的环境，高强度和网络化的地下街道空间可以结合城市建筑和地上交通网络共同形成三维化的步行系统，有助于产生地下空间的整体规模效应，使网络中的各部分形成联通、互动、活跃的步行空间，并激发人们的各种行为活动，是一种适合寒地城市的街道发展模式。世界上一些发达国家寒地城市的地下网络建设时间较早，发展也比较完善，例如加拿大的蒙特利尔市号称拥有全世界最大规模的地下城，据资料统计，蒙特利尔市地下城连接了 60 多个建筑群，总建筑面积达到 360 万 m^2，其中包含了各种类型的商场、办公楼、剧院、电影院、餐厅、展览厅等 2000 家工作、娱乐、休闲场所，每天在此地下网络中活动的人数超过 50 万人[33]。如图 7-4 所示为加拿大蒙特利尔市地下城的内部空间，其发达的垂直交通和错落的空间布局给人们提供了一个四通八达的步行环境，即使在寒冷的冬季，人们也无

a)   b)

图 7-4 加拿大蒙特利尔市地下城[35]

a) 发达的垂直交通 b) 错落的空间布局

须担心室外天气，可以通过发达的地下空间网络到达目的地。

寒地城市完善的地下公共空间网络形成需要经过合理的规划和设计，加拿大多伦多市在 1969 年提出了"漫步在中心市区"的规划报告，强调了城市公共空间与个体空间之间的连接系统的重要性，在此规划实施了 20 年以后，其优势得到了显著体现，多伦多市中心的地下公共空间网络已经基本形成，4.5km 的步行系统连接了 400 多家店铺和 300 万 m²办公楼，通过地下街道空间人们可以到达多伦多市中心的几乎每一栋建筑[34]。如图 7-5 所示为多伦多市中心地下步行空间网络图，高密度的地下步行网络将市中心的地铁站、主要建筑、活动场所等进行了有效连

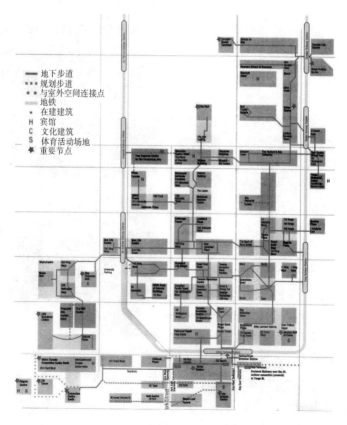

图 7-5　加拿大多伦多市中心地下街道空间网络[34]

接，并且地下步行网络仍然在不断扩展中，对增添市中心的城市活力起到了重要的带动作用。

在日本的很多寒地城市也都建设了地下空间网络，虽然规模上不能与欧美国家城市相比，但是同样起到了给人们提供气候防护和提升街区活力的效果，例如位于日本札幌市的极地地下街全长 400m，其内部空间与地面购物街中 11 个建筑物以及地铁站相互连通，构成了十分便捷的地下步行网络。位于日本福冈市的天神地下街全长 600m，贯穿了市中心人流最繁华的地带，连接了多个地铁站和巴士中心，其内部空间使用了具有 19世纪欧洲风情的石板路和蔓草图案的顶棚，给人们创造了安全、稳定、舒适、便捷、时尚的步行空间，全年都能吸引很多人在这里进行休闲娱乐活动（图 7-6），有效提高了城市的活力。

7.2.2 步行系统多维化

为了提高寒地城市中受庇护的步行空间的范围和通行效率，寒地城市地下步行空间与地上步行空间应相互延伸，使地下步行空间与其相对应的地上街道和建筑空间保持连续、互补

图 7-6 日本福冈市天神地下街[36]

的关系，将地上的阳光、绿化、天空等引入地下，形成一个纵向共生的整体系统，实现寒地城市步行系统的多维化发展。

通过合理的规划和设计，可以在寒地城市中心区的步行系统中形成多个上下贯通的中心节点，将地上街道很自然地引入到地下，并集中设置商业、娱乐、休闲、文化、社交、餐饮、健身等一系列活动空间及相关设施，必定会吸引大量的人流到街道中活动，使寒地城市的功能更加多样化，气氛更加活跃化。地下与地上步行空间应做到良好的衔接和贯通，地下步行空间可以通过建筑中庭、下沉广场、绿地空间等多种方式与地上步行空间或建筑内部空间进行连接（图7-7），形成层次丰富的多维度步行空间，增加了人们城市活动的趣味性和提升了良好的空间体验。

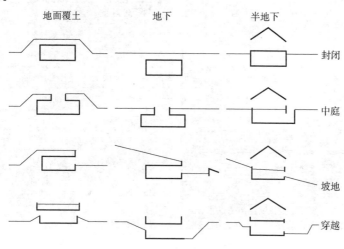

图7-7　地下空间的多维处理方式[14]

寒地城市的地下与地上公共空间协调发展是一种高强度的开发模式，符合寒地城市集约化发展的整体趋势，在很多发达国家的寒地城市设计中得到了深刻体现，其发展的成功实例也非常值得我国寒地城市借鉴。例如位于加拿大多伦多市的伊顿中心就是该市地下步行系统的节点空间，东临央街、南至女王西街、北至登打士西街、西临占士街和圣三一广场，建筑面积达到10万 m^2，横跨一整条街道。如图7-8所示，其利用地下步行商业街与建筑中庭相结合的模式，并与地铁以及多伦多市地下步道系统等城市公共交通连接，形成了上下贯通的步行购物休闲空

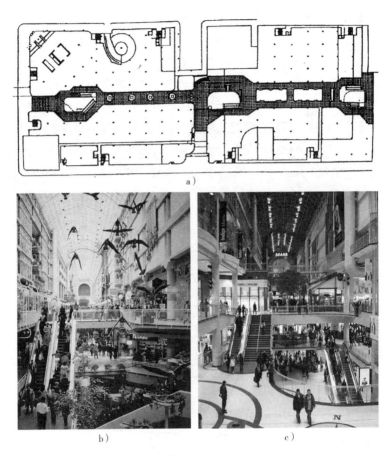

图 7-8　加拿大多伦多伊顿中心[35]

a) 地下层平面　b) 中庭　c) 多维步行层次

间，不仅包含了 300 多家店铺，还包含了两家大型百货商店，在其内部具有贯通三层的大型中庭，从地面一直延伸到地下，人们在其中可以看到地上的风景，看到蓝天、树木和飘动的白云，人们的步行活动可以在地上和地下的城市空间中进行多维转换，因此每天都吸引了很多人来这里购物、休闲、娱乐，已经成为多伦多市的重要地标。

　　美国纽约市曼哈顿中心区的地下步行空间也是非常成功的实例之一，其结合密集的地铁网络，将联合国总部、大都会艺术博物馆、百老汇、帝国大厦、格林威治村、华尔街、中央公园、大都会歌剧院等重要建筑联系在一起，人们几乎可以通过地下步行空间到达市中心的任何地方，形成了一个可以满足人们多种行为需求的地下步行网络。其中包含的洛克菲勒商业中心涵盖了 10 个街区，将很多大型公共建筑通过地下步行街道空间进行衔接，并设置了大量的下沉式出入口广场，方便地下与地上步行空间的衔接，给人们的城市活动提供了很好的气候防护，同时有助于城市中心区活力的激发，有利于城市的社会、经济和文化等方面的综合发展。

7.3　地下公共空间的积极转化

地下空间在具有诸多优势的同时，也面临着一些挑战，如空间闭塞、方向性弱、与外界缺乏联系等，作为寒地城市街道步行系统的拓展部分，应通过合理的空间设计，将寒地城市的地下公共空间进行积极转化，挖掘寒地城市的地域特色，更好地凸显其设计个性和差异性，并将自然元素引入到地下空间中，给寒地城市的地下空间注入鲜活的生命力。

7.3.1　凸显设计个性

寒地城市地下公共空间的规模达到一定程度时，如果没有经过合理的设计，会使行走在其中的人们容易产生疲劳感，缺乏空间变化的地下步行空间会使人迷失方向而难以确定自身方位，并相应的带来不安全、不稳定的心理感受。我国目前很多寒地城市地下空间在设计上都存在这样的问题，人在其中会感觉周围环境始终没有太大变化，如果长时间的步行就会产生单调、乏味、烦躁的感觉。寒地城市设计应该挖掘地域特色，营造具有较高识别性和艺术性的地下步行空间，使地下步行空间的每一个段落都具有自身独特的空间形态和组织个性。

随着寒地城市地下公共空间发展的日益成熟，人们在地下空间中的活动也变得越来越频繁，因此，地下步行空间的环境质量就变得尤为重要。世界上各国的寒地城市都有其独特的发展历史和文化，在进行地下步行空间设计时应该适当地将这些地域特色融入其中，提升步行环境的空间品质。例如，地铁站作为寒地城市中人流量较大的地下空间是组成城市步行网络的重要节点，由于地铁站的空间形态相对单一，所以，对其进行个性化设计就更加重要。在加拿大蒙特利尔市就很强调要突出每个地铁站内部空间的设计个性，该市共有三条地铁线，35 个车站，每个车站在空间设计上都有自身的独特个性。根据地铁站在城市中所处位置的不同，主要利用不同的形态、材质、色彩和细部等营造出迥异的空间风格，几乎每个地面出入口、地下站厅、地面站厅等几个重要部分，从平面布置到结构形式，从垂直空间到内外空间的组织，都有各自的特点（图 7-9）。瑞典斯德哥尔摩市的地铁站主要是体现瑞典人热爱大自然的个性，将自然山水形态巧妙地融入地下步行空间中，运用多种技术手段和艺术手段，使其每个地铁站都能够展现瑞典独特的城市文化和社会生活，成为向人们展示城市特色的重要媒介，同时也赢得了"地下艺术长

图 7-9　加拿大蒙特利尔市地铁站[36]

廊"的美誉（图7-10）。随着寒地城市地下街道空间的迅速发展，其诸多优势也会更加明显，人们在地下街道空间中的活动频率也会越来越高，个性化的空间设计有助于提升地下公共空间的活力，给人们创造更加积极的城市活动空间。

图7-10　瑞典斯德哥尔摩市地铁站[37]

7.3.2　充满生机活力

　　寒地城市在冬季里地上的绿化景观基本消失，呈现一片萧条景象，只能依靠有限的人为景观来营造城市氛围，此时，具有气候防护功能的地下步行空间的优势就凸显出来。将植物、阳光、水等自然元素引入地下步行空间，与人工环境相结合相互补充，会使地下步行空间变得更加生动、活跃[38]。可以在冬季给人们带来一片绿洲，满足人们渴望接近自然的行为需求，创造生机盎然的城市活动空间。

　　充满生机和活力的寒地城市地下公共空间不但要引入大量的绿化景观，还应该尽可能地引入更多的阳光，并配合水体、细部装饰等景观要素，同时还可以组织有地域特色的城市文化活动，如图片展览、文体表演和社区活动等，以提升地下空间的吸引力和活力。寒地城市地下公共空间中的绿色植物不仅能够起到美化环境的作用，还可以缓解人们的压抑感和紧张感，改善寒地城市地下公共空间的生态环境，在人们的步行空间中形成趣味中心。不同种类的植物搭配能够使空间感觉更加丰富，增加地下公共空间的层次感和延伸感。例如，加拿大蒙特利尔市冬季最低温度达到 – 34℃，夏季最高温度为 32℃，相对湿度有时达 100%，这样的气候条件有很多时候并不适合人们的地上步行活动，因此，蒙特利尔市发展了

图 7-11　加拿大蒙特利尔市地下街道休息空间[35]

四通八达的地下步行系统，在地下步行空间中设置的大量休息广场和绿化景观，并配合了一定的休息和娱乐设施，这里一年四季都吸引大量人流在此进行商业和社会文化活动（图 7-11）。

　　在寒地城市地下公共空间中尽可能多地引入自然光线可以给人们的步行活动带来更好的心理感受，也可以使人们更加清晰地感受到室外天气的变化，打破封闭感而增强方向感，使人们的各种活动感觉更加开放和舒适。因此，很多寒地城市的地下街道空间通过多种方式将自然阳光引入地下，例如高侧窗采光、天窗采光、天井采光、下沉广场采光、地下中庭采光等[39]。如图 7-12 所示为德国柏林波茨坦广场地下空间的采光天窗，其在地面上结合绿化景观共同设置，与地上景观融为一体，既保证了地下步行空间引入自然阳光的需求，又不对地面上的街道活动产生影响。另外，在寒地城市地下公共空间中适当地引入水体景观可以增加空间的灵动性和趣味性，弥补寒地城市在冬季里没有水体景观的遗憾，水体景观的特殊形态变化和声响变化可以给人们的城市活动带来多

方位的感官享受。如图 7-13 所示为加拿大多伦多市伊顿中心的地下街道空间的水体景观,其活跃的形态和灵动的声响吸引了很多人驻足欣赏,或在其周围休息、聊天,在地下步行街道空间中形成了一个小型的人流聚集地。

图 7-12　德国柏林波茨坦广场地下空间采光窗

图 7-13　加拿大多伦多市伊顿中心的地下街道空间的水体景观[36]

当寒地城市地下公共空间具有了良好的环境质量,人们会很愿意在其中进行各种行为活动,尤其是在寒冷的冬季,很多室外的行为活动都受到天气的限制,此时就可以将它们转移到地下公共空间中,如图 7-14 所示为加拿大多伦多市伊顿中心的

图 7-14　加拿大多伦多市伊顿中心的地下街道空间中的文艺表演活动[36]

地下街道空间中的文艺表演活动，在这个空间中，既有玻璃天棚的气候防护，又有明亮的自然采光，还有丰富的空间层次和生机盎然的绿化景观，人们会很自然地被文艺演出活动所吸引而驻足观看，给寒地城市增添了无限生机和乐趣。

下篇
城市空间的人文活力提升

第8章
城市休闲活动的活力催化

　　寒地城市夏季气候凉爽而冬季气候寒冷，因此，城市在夏季里具有很好的活力，凉爽的天气十分有利于各种城市休闲活动的发生，人们也都十分珍惜寒地城市短暂的夏季时光，城市活力骤升。而对于冬季而言，寒冷的天气以及由此而引发的一系列不利因素，导致人们的街道活动受限，城市活力相对于夏季明显降低。目前我国很多寒地城市并没有对冬季的消极活力进行关注和有效应对，而是任由其发展，使人们对冬季里的寒地城市街道产生一种萧条压抑的普遍印象。因此，寒地城市设计应从"人"的情感需求出发，着重对冬季城市活力进行提升，同时利用地域特色对城市的夏季活力进行强化，展现寒地城市独特的魅力，利用丰富多彩的冬季街道活动对城市活力进行催化，并通过地域生活的沉淀加强人们对寒地城市的文化认知程度，同时使寒地城市的本土景观满足人们的特色审美需求，街道休闲设施布置更多地考虑到对使用者进行人性化关怀，以此不断增加寒地城市的活力。

　　丰富的城市休闲活动如同城市活力的催化剂，可以满足人们在情感上的交流和自我实现愿望，同时向周边传递积极的信息，并主动邀请更多的人参与到城市街道生活中，形成一种活跃愉快、积极向上的城市氛围。本书将寒地城市的休闲活动按照人们参与的频率和范围的不同，进一步划分为社交性活动、趣味性活动和品牌性活动，并就其对寒地城市活力的影响做了逐一分析。寒地城市由于其特殊的地域气候属性，冬季城市活力的开发是提高寒地城市整体活力的重点，对冬季资源的创新应用和冬季品牌的建立有助于凸显寒地城市的地域优势，与此同时，城市消夏活动的强化发展对提升寒地城市活力也起到了很好的助推作用，以此共同形成具有寒地地域特色活力的休闲活动环境。

8.1 社交性活动的主动邀请

"邀请"一词的释义为向别人发出请求去某些地方、见某些人或是做某些事，它与"命令"的强制性截然相反，"邀请"更多体现的是一种积极的、具有选择性的约请态度。寒地城市因气候寒冷，给城市户外休闲活动带来了很多消极和负面的影响效应，运用主动邀请的态度对行人的城市休闲活动需求进行积极回应，可以有效提高寒地城市空间的整体活力。

寒地城市中的社交性活动具有随机性特征，需要通过合理的城市设计进行积极主动的邀请，以此激发社交性活动的多种可能性。在寒地城市中通过营造慢速交通的街道环境、控制合理的步行范围以及创造更多的交流机会，可以使人们积极主动地参与到城市社交性活动中，给寒地城市休闲生活创造更多的机会和可能。

8.1.1 提倡慢速交通

寒地城市如果具有旺盛的生命力，必须保证相应数量的人在使用城市街道上的公共空间，也就是说一条街道上人的活动情况是衡量其是否具有活力的标准，街道上活动的人越少，其活力越弱，反之，街道上活动的人越多、活动越丰富，其活力就越强。因此，如果想提高寒地城市的活力，首先要让人们停留在街道中，慢速交通给街道活力的创造提供了无限的可能性，以步行为基础的、丰富的休闲活动意味着富有生命力和活力的城市。

在以往的寒地城市设计中决策者更多考虑的是城市形象和汽车交通的需求，不断拓宽车行道的宽度，凸显寒地城市街道的宏伟气势，却将行人的步行空间不断压缩，甚至被停车空间占据，无形中剥夺了行人在街道中活动的机会，导致城市活力下降，产生越来越消极的恶性循环。当我们将主动邀请的理念引入到寒地城市设计中，充分考虑人们的情感需求，为人们创造更加宜人的城市休闲活动环境，吸引人们在街道中停下来，并进一步鼓励人们在城市街道中发生积极的行为活动，才能有效提高寒地城市的整体活力。由于寒地城市冬季环境更加极端化，具有更大的挑战性，如果设计得不妥当，人们会更多地选择在室内活动，街道环境必将死气沉沉，因此，对于寒地城市而言，慢速交通具有更大的价值和意义，以步行为基础的人们所进行的丰富的街道活动意味着街道的活力[40]，只有让更多的人停留在城市街道中，才有可能保证寒地城市的冬季活力。

　　充满活力的寒地城市可以与行人产生良好的互动，时刻向人们传递出友好和欢迎的信号，接受到邀请的行人，会很自然地在感兴趣的地方逗留，并享受这种愉悦的城市体验。以挪威奥斯陆市为例，街道中供人们休息和交流的休闲座椅改善设计对街道活力产生了很大影响，更加舒适以及数量更多的休闲座椅向人们发出停下来的主动邀请，通过调查显示，这样的改善设计取得了很显著的效果。1998 年挪威奥斯陆市 Aker Brygge 区域街道中的座椅被更加舒适的

图 8-1　挪威奥斯陆市街道中
翻倍增加的休息场所[41]

木质座椅替代（图 8-1），并在数量上增加了两倍多（129%），如图 8-2 所示，在 1998 年和 2000 年对变化前后的调查显示，在此区域休息停留的人数也成倍增长（122%）[41]。人们是否能被寒地城市街道所吸引而进行步行或逗留，直接决定了城市活力的强弱程度，为了能够最大化地改善寒地城市冬季活力问题，应该在城市街道中尽量多地布置休闲座椅、游戏设施等停靠地点，同时努力改善寒地城市的冬季微观气候环境，并通过良好的街道景观和丰富的活动来确保寒地城市街道中的步行环境质量，为冬季城市活力提升打下良好的基础。

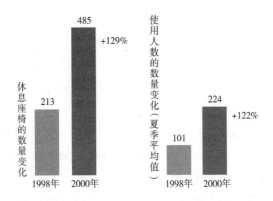

图 8-2　街道休息场所数量与停留人数的对比关系[41]

8.1.2　控制步行范围

　　城市活力与人的步行活动有着密切的联系，正如前文所述，在慢速交通的环境下才有可能激发更多的城市活力，人们在城市中进行休闲活动比较集中的区域都可以成为城市活力的激发点，在城市中往往存在很多这样的活力激发点，不同活力点所能影响的范围一般都在人们步行所能达到的范围之内，如果超出这个范围，人们就需要借助相应的车行交通方式来进行活力点之间的链接（图 8-3）。因此，如果要保证城市具有足够的活力，每个活力激发点之间的距离应尽量控制在人的步行范围内，尤其对于寒地城市而言，其因受到寒冷气候的影响，人们在冬季的步行范围会相对缩短，为了保持寒地城市的冬季活力，应在街道中尽量

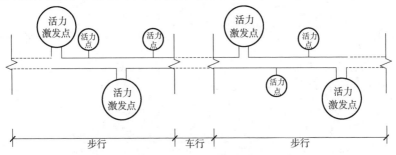

图 8-3　寒地城市街道活力点作用范围示意图

多地设置活力激发点，以缩短人们到达这些活力点的距离，扩大寒地城市在冬季里被活力点所覆盖的范围，从而实现整体上冬季活力的提升。

寒地城市街道中以休闲活动比较集中的区域作为活力的激发点，距离活力激发点距离越远的区域其活力越弱，当超出人们的步行范围以后，也就超出了此活力激发点的影响范围，需要产生新的活力激发点才可以继续维持寒地城市的整体活力，因此，寒地城市中的活力激发点的影响半径范围就是人们所能接受的步行距离。常怀生教授在《建筑环境心理学》一书中对很多研究学者关于人的心理感受与步行距离之间的关系进行了总结和分析，见表 8-1，人们所能接受的步行距离由 300 ~ 1200m 不等，造成这种差异的主要原因是街道所在的地域和人们的步行目的等。

表 8-1　人的心理感受与步行距离的关系[42]

项次	项目	参考文献	距离/m
1	70% 的人实际步行没有困难的距离（到业务、目的地）	《步行意识调查报书》	1220
2	以汽车代步必需的距离（瑞典哥德堡）	《欢乐步行街》	600 ~ 800
3	70% 的人走路无困难的距离（到业务、目的地）	《步行意识调查报书》	720
4	50% 以上的人步行感到讨厌的距离（美·富勒顿）	《国际交通论丛》	500
5	步行到达目的地适宜的距离	《外部空间的设计》	500
6	81% 的人的步行距离（瑞典哥德堡）	《欢乐步行街》	500
7	最适宜的步行时间 5 分钟的距离（英·朗科恩新市区）	《新市区的环境计划》	450
8	步行无问题的距离	《国际交通论丛》	400
9	步行热情降低的距离（瑞典哥德堡）	《欢乐步行街》	300 ~ 400
10	步行喜欢的距离	《居住环境理论与计》	350
11	70% 的人经常步行的距离（到汽车站）	《国际交通论丛》	300
12	100% 附近的人到汽车站终点站步行距离	《步行者的空间》	300
13	90% 市民满意的距离（美·富勒顿）	《国际交通论丛》	300

针对寒地城市中人们所能接受的步行距离问题，笔者进行了相关问卷调查，考虑到大多数人在步行过程中对时间的敏感程度高于对距离的敏感程度，因此，在问卷调查中用步行时间作为衡量对象，然后根据不同人群的步行速度，进行步行距离的换算。调查结果显示，人们在夏季所能接受的步行距离比冬季明显要长，夏季的适宜步行时间约为 22 分钟，冬季的适宜步行时间约为 12 分钟，考虑到不同对象之间的年龄差异，笔者将人的步行速度取值为 4km/h，由此，可以计算出夏季和冬季的适宜步行距离分别约为 1400m 和 800m。考虑到寒地城市街道冬季气候寒冷、街道活力较弱等因素，应合理调控寒地城市街道中活力激发点之间的距离，尽量控制在 800m 以内是比较适宜的，这样可以有效保证寒地城市街道的冬季活力。在实际的街道情况中，活力激发点往往还具有重叠性和交叉性，这会更加有利于寒地城市的活力提升。

8.1.3　增加交流机会

寒地城市街道作为人们重要的室外交通、休闲、娱乐空间，为了提升其整体活力，应避免街道成为穿越型空间，鼓励人们在街道中驻足、停留，满足人们进行情感交流的愿望和需求。尤其是在天气情况较好的时候，这对于寒地城市而言是非常珍贵的街道活动时间，人们希望在街道中休息、聊天、欣赏景观、参加聚会等，这种情况下的街道设计应充分考虑到人们的使用需求，在街道中为人们创造更多交流的可能性。

人在街道中的活动根据动机、时间、环境等因素的不同而呈现出差异性的特点，见表 8-2，人的街道活动具有循环性、群聚性、类聚性、依靠性、阵发性、从众性等特点，其中循环性的街道活动受到环境的影响较小，而其他五种活动则具有明显的交流互动特质，与街道环境质量有着密切的关系，在寒地城市街道设计中应尽量促进这些街道交流活动的发生。寒地城市街道的布置方式对人们的交流活动具有很大影响，街道中的树木、花坛、水池、台阶、座椅等都是影响人们交流活动发生概率的因素，曲折丰富的街道布置方式会给人们的街道活动提供更多的兴趣点，为人们的街道交流互动提供更多的机会。以寒地城市街道中最为常见的休息座椅为例，如果将休息座椅呈一字形排布，那么使用休息座椅的人的视线都是平行的，互相之间没有交叉，也就几乎没有产生交流的可能性；当休息座椅相互之间垂直布置时，空间围合感增强，人们的视线产生交叉，可以感受到周围人的体态和表情，为人们相互之间的交流提供了很大的机会；当休息座椅呈 U 字形布置时，空间围合感最强，坐在休息座椅上的人几乎是面对面的，可以清晰地发现对方每一个细微表情和动作，为相互之间的交流互动提供了最大的可能性（图 8-4）。

表 8-2　城市街道中人的活动规律[43]

活动特性	活动规律
循环性	重复性日常活动，出行回家，周而复始
群聚性	向人群密集的地方集中，形成活动中心和一定的活动范围
类聚性	以兴趣集合起来的人群
依靠性	人喜欢视野开阔与感觉安全的地方
阵发性	人随着活动而集聚和离散，产生周期性、阵发性的变化
从众性	受他人的诱导或刺激，在潜意识的作用下产生某些行为

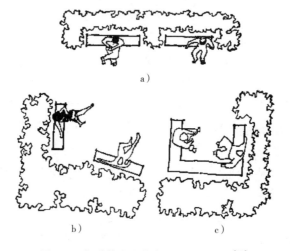

a)

b)　　　　c)

图 8-4　街道休息座椅布置与交流机会[44]

a) 无交流机会　b) 有可能交流　c) 促进交流

具有丰富的生活气息和强大活力的寒地城市设计一定是把人的交流活动放在首位，对于人们活动比较频繁的街道，应对机动车交通进行一定的限制和弱化，突出人在街道生活中的地位，为人们的街道交流活动提供最安全、舒适的环境。在荷兰埃门市的街道设计中，提出了庭院式街道的设计理念，如图 8-5 所示，通过弯曲的车道、错落的树木、缓和的坡道等迫使机动车减速，创造了更加安全的步行环境，在街道中布置的儿童游戏设施、照明灯柱、花坛、长凳等，给人们创造了大量在街道中进行互动交流的机会，极大地提升了街道活力。日本大阪市的街道设计借鉴了荷兰埃门市的经验，将车行道设计成折线形或蛇形，并设置了大量的车挡和驼峰，如图 8-6 所示，有效地限制了车速，尽量降低车行道对步行环境的影响，并在街道步行空间内精心设置了大量

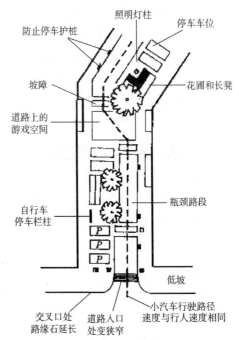

图 8-5　荷兰埃门市庭院式街道模式[44]

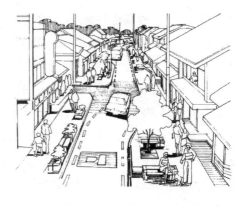

图 8-6　日本大阪市人车共存街道模式[44]

的花坛、灯具、座椅等，人们在街道中行走时可以随时感受周围景物变化带来的乐趣，可以在任何感兴趣的区域停留，并参与到丰富的街道生活中。日本大阪市的这种人车共存街道模式不仅满足了机动车的交通需求，还为人们创造了充满生活气息的街道步行空间，给人们提供了在街道中进行交流、休息、聚会等活动的机会。

8.2 趣味性活动的创意引入

寒地城市街道和公共空间中的趣味性活动带有更多的创意色彩，具有很强的灵活性，可以满足人们在城市环境中的自我表现需求，例如发生在街道中的唱歌、跳舞、游戏、比赛、聚会、演出、游行等，趣味性活动有助于吸引更多的人参与到街道生活中，对寒地城市的活力提升起到了很大的促进作用。如果将寒地城市中的冬季资源在街道的趣味性活动中加以创新应用，可以凸显寒地城市的地域特色，塑造积极向上的、富有生命力的寒地城市形象。

8.2.1 自发活动的多元触媒

寒地城市四季变化明显，可以根据不同季节的特点设计不同类型的城市趣味性活动，做到四季兼顾，形成活力的多元触媒效应，吸引人们自发地参与到街道生活中。寒地城市街道中的趣味性活动具有特色鲜明、内容丰富等地域优势，并且时间安排比较灵活，持续时间较短，使人们的参与性增强，对寒地城市街道的活力提升具有积极的推动作用[45]。为了给人们的行为活动带来更加愉悦的感受，首先应该了解人们在寒地城市中的活动方式和需求，从而能够有的放矢地改善人们的街道活动环境，使人们在街道活动的参与过程中在情感需求上得到更多的满足。如何更好地组织和利用街道以使其成为城市的积极空间，让街道充满活力，使人们重新回归街道生活，是当代城市空间研究面临的重要问题。

　　寒地城市中的趣味性活动可以结合本土元素，在不同季节形成凸显地域特色的街道活动，以增加人们参与街道活动的兴趣。夏季天气凉爽，比较适合举办一些带有文艺色彩的活动，冬季天气寒冷且伴有雨雪，比较适合开展一些结合冰雪元素的活动。通过对国内外寒地城市街道活动进行广泛收集和分析，整理出一些比较适合我国寒地城市的趣味性活动（表 8-3），街道趣味性活动的共同特点是具有较强的参与性，可以吸引人们的注意力，使人能够在街道中停留，并积极地参与到街道活动中。具有寒地城市地域特色的街道活动不但可以凸显寒地城市街道的自身特点，还可以使参加街道活动的行人获得更多的自我认知感和交流乐趣，使行人在参与街道活动的同时得到情感上的满足，例如德国慕尼黑市玛利亚广场前的步行街在不同季节里有着丰富的活动，如图 8-7 所示，夏季里街道中有大量的咖啡座和啤酒屋，人们可以随时找到逗留在街道中的位置和理由，街道中时常有哑剧表演、乐队演奏、街道剧场等丰富的活动，给人们的街道生活带来很多的乐趣。冬季里街道中会有琳琅满目的圣诞市场，各种美食、饰品、服装、活动齐聚在一起，尤其是夜幕降临以后，色彩缤纷的灯饰会使街道具有浓厚的节日氛围，人们很欢快地在街道中享受着购物、聚餐、游戏等带来的乐趣，这些自发性参与的街道活动给人们的街道生活带来不断的惊喜。

表 8-3　适宜我国寒地城市的街道趣味性活动分析

季节	活动内容	活动特点
夏季	音乐会、舞会	参与性强、活动地点灵活、促进互动交流
	街头表演	发生时间比较随机、内容丰富灵活
	艺术展览	活动持续时间长、选择性较强、内容丰富
	啤酒屋	活动参与性强、促进互动交流、凸显地域特色
冬季	冰雪艺术展览	地域特色明显、主题灵活多变
	冰雕、雪雕比赛	趣味性较强、激发人们参与热情
	冰雪游戏	活动丰富灵活、时间随机、适合不同人群
	春节、圣诞狂欢	时间较固定、影响范围较大、参与人数多

图 8-7　德国慕尼黑市玛利亚广场前的步行街在不同季节的街道活动

a）夏季的咖啡座、啤酒屋以及丰富活动　b）冬季琳琅满目的圣诞市场

8.2.2　冬季资源的创新应用

寒冷的冬季给寒地城市活动带来了诸多不便，与此同时，冬季资源也是寒地城市中一笔宝贵的财富，是凸显寒地城市地域特色的重要部分，如果能够将其合理利用，可以大大提升冬季城市活力。目前，国内外寒地城市普遍增强了城市冬季活动的创意性和可参与性，对冬季冰雪资源进行创新性应用，吸引了大量的行人参与到其中，极大地改善了寒地城市的冬季活力问题。

在以往寒地城市中，对冬季冰雪资源的利用主要停留在观赏层面，为了进一步提高街道中行人的互动交流机会，应使行人由被动的欣赏转化为主动的参与，将局部的冰雕和雪雕转化为市民设计和参与制作的，

人们在冬季里可以走上街头，参与到城市街道的设计和实施中，提高人们在城市公共空间中的自我认知感。例如在美国密歇根州的法兰克幕斯城的街道在冬季就会举行冰雕制作展示活动，并邀请街道中的行人参与其中，街道上的冰雕比赛激发了人们的创作热情，如图 8-8 所示，晶莹剔透的冰雕艺术不仅给人们带来了美

图 8-8　美国法兰克幕斯城的冬季街道
冰雕制作活动[13]

的享受，还让人们在参与的过程中感受到了无限的乐趣，成为专属于冬季街道生活的难忘记忆。冬季街道上的冰雪活动也是吸引行人的亮点，尤其是孩子们很喜欢参与到这类街道活动中，在德国柏林的冬季街头就有很多临时搭建的溜冰场，如图 8-9 所示，这些溜冰场吸引着行人前来嬉戏玩耍，给冬季的街道也增添了无限的活力和欢声笑语，让人们享受着严寒和白雪带来的别样乐趣。此外还有一些创新性的冬季街道活动，例如德国柏林冬季街头供人们玩耍和观看的冰壶游戏场地，如图 8-10 所示，冬季在街道中临时搭建的冰壶场地具有寒地城市独特的地域色彩，街道中的行人可以随时停下脚步，参与到冰壶活动中，也可以停留在一旁观看比赛，享受这种寒地城市特有的街道比赛活动所带来的乐趣。

图 8-9　德国柏林的冬季街道　　　　图 8-10　德国柏林的冬季街道
　　　　临时溜冰场　　　　　　　　　　　临时冰壶游戏场地

　　此外，还有一些寒地城市在冬季选择将部分街道本身变为行人的活动场地，这些街道一般以步行为主，冬季街道中厚厚的积雪形成了天然的活动场地，人们可以在其中进行各种雪地游戏活动，尽情地享受冬季带给街道的无限乐趣。美国霍顿市在冬季将其市中心的部分街道变为滑雪通道（图 8-11），行人可以通过乘坐橡胶圈快速穿越市中心，带来一种全新的冬季街道体验，极大地丰富了其市中心的冬季街道活力。再如荷兰阿姆斯特丹市很多街道在冬季保持了积雪的状态，人们可以在街道中进行雪爬犁、堆雪人等一系列冰雪活动，尤其受到很多儿童的喜爱，通过这样的创意设计，寒地城市街道的冬季活力得到明显提升，甚至会比夏季更加有趣和富有生命力（图 8-12）。

图 8-11　美国霍顿市中心的 　　图 8-12　荷兰阿姆斯特丹市的
　　冬季街道滑雪通道[46]　　　　　冬季街道雪爬犁[13]

通过对冬季资源的深度挖掘，寒地城市中的诸多负面因素，已经成功转化为城市的特色所在，反而激发出多种多样适应气候特点的城市冬季创新活动，行人能够积极地成为城市街道生活中的主体，进而形成一种良性循环，使寒地城市的形象特征得以鲜活地展现。

8.3　品牌性活动的效应激发

寒地城市特殊的气候条件使其在长期的发展中形成了一定的自身特色，为了能够改变寒地城市活力欠缺的问题，应将寒地城市的地域特色进行强化从而形成品牌效应，扩大其影响范围，并对城市街道生活产生积极影响，丰富城市公共活动内容，可以有效激发寒地城市活力，构建健康活跃的寒地城市形象。

8.3.1　冬季品牌凸显地域优势

寒地城市街道是向人们展示冬季品牌的重要窗口，可以将寒地城市的冰雪文化发扬光大，增强人们对寒地城市的认知感和自豪感，使寒地城市的地域优势深入人心。目前世界上的很多寒地城市都具有自己的冬季品牌节日，丰富多彩的冬季节日街道活动使人们可以尽情地享受冰雪带来的乐趣，极大地激发了寒地城市的冬季活力。

冬季寒冷的气候条件带给寒地城市街道得天独厚的资源，是向人们展示地域特色的好时机，很多寒地城市都拥有自己的冬季品牌活动（表 8-4），这些品牌活动作为寒地城市冬季活力的触发点，带动了城市的整体活力。例如哈尔滨在冰雪节举办期间，会在城市的主要街道中布置很多冰雕和雪雕作品，让行人感受到冰雪艺术的独特魅力，同时还会在街道中组织丰富多彩的冰雪活动，让人们参与到冬季街道活动中。冬季往往是寒地城市的旅游旺季，大量的游客对冬季品牌活动充满了好奇感和新鲜感，对寒地城市街道的冬季活力提升起到了很好的助推作用。在加拿大的魁北克城每年冬季都会举办狂欢节，在此期间会吸引大量的世界各地旅游者，街道中有大量的巡回表演、游行、冰雕比赛、冰雪游戏等丰富多彩的活动，不仅增强了城市的冬季活力，还极大地推动了当地的经济发展（图 8-13）。

图 8-13　加拿大魁北克城冬季
狂欢节的街道竞技活动

表 8-4　寒地城市的冬季品牌活动

国家	城市	活动时间	冬季品牌活动
中国	哈尔滨	1 月初至 2 月末	冰雪节
中国	佳木斯	12 月末至次年 2 月末	泼雪节
中国	牡丹江	12 月末至次年 2 月末	雪城旅游文化节
中国	沈阳	12 月中旬至次年 2 月末	冰雪嘉年华
中国	吉林	12 月末至次年 2 月末	雾凇节
日本	札幌	2 月的第一个星期	雪节
美国	波士顿	元旦期间	元旦夜
加拿大	渥太华	2 月中旬，持续 2 周	冬节
加拿大	魁北克城	2 月中旬，持续 10 天	冬季狂欢节
俄罗斯	莫斯科	2 月下旬，持续 1 周	送冬节
瑞典	斯德哥尔摩	12 月 13 日	露西娅节

俄罗斯莫斯科市每年一度的送冬节具有悠久的城市历史，节日期间会组织大量的欢庆活动，人们纷纷走上街头，参与到丰富的游行队伍中，各种美食美酒应有尽有，载歌载舞共同欢庆节日的到来，街道气氛十分热烈（图8-14）。在美国哈里森市的冬季节庆活动已有21年的历史，在活动期间，城市街道上会有内容丰富的冰雪活动邀请行人参与其中，包括雪地高尔夫、雪爬犁、雪摩托比赛、雪天钓鱼比赛等（图8-15），虽然冬季里室外温度很低，但是人们还是积极地走出家门，享受着冬季街道冰雪活动的巨大乐趣（图8-16）。日本札幌在冬季受到海洋暖流的影响降雪量很大，积雪丰厚且雪质好，这也给其冬季的雪节活动提供了可靠的保障，节日期间街道上会有很多形态

图8-14　俄罗斯莫斯科市送冬节的街道游行活动[26]

图8-15　美国哈里森市冬季节庆的街边雪地高尔夫[13]

各异的雪雕展示，令人目不暇接，吸引了大量的游客（图8-17）。另外还有很多街道冰雪游戏项目，尤其受到小朋友们的喜爱，吸引了大量行人的参与和观看，成为街道中很好的活力激发点，

图8-16　美国哈里森市冬季节庆在街道中的动物展示活动[13]

人们完全忽视了室外的低温因素，
尽情地享受着冰雪带来的冬季乐趣
（图 8-18）。

8.3.2　消夏品牌助推活力强化

寒地城市夏季凉爽且短暂，街道
是人们避暑、乘凉、娱乐的绝佳场
所，寒地城市在夏季里参加街道活动
的人数会剧增，消夏品牌活动对街道
活力的提升产生巨大的推动和强化作
用，满足人们参与丰富街道生活的愿
望，塑造寒地城市的街道更加富有活
力的夏季形象。

图 8-17　日本札幌雪节中的
街道雪雕展示

夏季对于寒地城市居民而言是宝
贵的户外休闲时间，世界各国的寒地
城市都会抓住这个好时机开展各式各
样的城市活动，以提升自身的城市形
象，使冬夏两季形成互动，在全年都
能很好地体现寒地城市的地域特色。
我国哈尔滨市是黑龙江省最北部的省
会城市，其夏季具有凉爽宜人的气
候，是天然的避暑胜地，并提出了
"梦幻冰城，浪漫夏都"的城市主题，
在夏季里结合城市自身的特色，形成

图 8-18　日本札幌雪节中的
街道冰雪游戏活动

了诸如哈尔滨之夏音乐节、北大荒神农文化节、哈尔滨之夏国际啤酒
节、中国雪都避暑节、欧陆风情之旅等近百项夏季品牌活动，这些活动
的举办都会在城市街道生活中有所体现，对街道的夏季活力提升起到了
很大的助推作用。例如在哈尔滨之夏音乐节期间，城市街道中会有很多
音乐爱好者自发地进行音乐表演或舞蹈表演，人们漫步在凉爽的街道

中，感受着动听的旋律，可以停下来观看或是与周围的人交流，甚至可以参与到表演中，为街道活动提供了无限的机会，街道中的音乐表演给行人带来了美妙的艺术享受，同时也使寒地城市街道的积极印象深入人心（图8-19）。

德国慕尼黑的啤酒节已有近两百年的历史，是每年慕尼黑市最盛大的活动，节日期间会吸引来自世界各地的约600万人参加，在啤酒节期间，街道中会有盛装巡游活动，市民纷纷穿上富有特色的民族服装，不论男女老少，演奏着音乐参与到浩浩荡荡的游行队伍中，有驾着鲜花装扮的啤酒马车（图8-20），也有身披绫罗绸缎的王妃贵妇，还有阿尔卑斯山下的牧童等，人们在街道巡游中扮演着自己的角色，具有很强的自豪感和自我实现感，是寒地城市街道活力的创造者和享受者。

图8-19　哈尔滨之夏音乐节期间的　　图8-20　德国慕尼黑啤酒节期间的
　　　　　街道乐队表演　　　　　　　　　　街道盛装巡游活动

寒地城市中具有影响力的消夏品牌活动不但可以为街道生活带来无限的活力，还可以使行人在街道活动中获得更多自我表现和沟通交流的机会，在我国的寒地城市建设中，应努力挖掘地域优势，形成数量更多、更具有影响力、更富有创新性的消夏品牌活动，挖掘城市活力激发的原动力。

第9章
城市地域文化的活力激发

寒地城市街道经过长期的发展和更新过程，形成了独特的文化个性与魅力，场所的记忆之中积淀着人们对一个连续的地域文化的认同感和归属感[47]，保护和挖掘寒地城市街道的文化精髓，可以增强人们对城市的地域文化认知程度，激发寒地城市的文化活力，为寒地城市的可持续发展带来新的契机。寒地城市街道的发展应尊重其历史文化脉络，将寒地城市的本土文化和异域文化有机地融汇其中，并使寒地城市中富有地域特色的社会文化和民俗文化在街道中得到完美的体现和传承，保持寒地城市鲜活的生命力。

9.1 城市历史文化的活力挖掘

城市的历史文化是宝贵财富，它犹如艺术品一般，向人们无声地展示着城市发展所经历的沧桑变化，可以唤起人们对寒地城市历史的记忆和想象，增强人们对寒地城市的文化认知感和归属感。目前，我国寒地城市建设和发展迅速，但往往忽视了城市历史文化在城市活力打造中的重要作用，部分寒地城市在发展中对宝贵的历史文化造成很大的破坏，使很多寒地城市的建设与历史产生割裂，千城一面。为了提升寒地城市的活力，应沿袭和包容寒地城市中的本土文化和异域文化，使寒地城市完成历史与未来的衔接，让人们在城市中找到对人文历史的情感寄托。

9.1.1 本土文化的脉络沿袭

具有历史沿革的寒地城市是本土文化不断变化和有机生长的产物，人们通过街道生活感受着城市的历史脉络，并将这种文化在街道中不断地延续和发扬。城市的历史是一个人类激情的历史，在激情与现实之间精妙的平衡和辩证关系，使城市的历史具有活力[48]。尊重和继承本土文化的寒地城市街道可以引起行人的共鸣，唤起行人对过去的回忆，产生文化认同感和自豪感。

本土历史文化在寒地城市中可以通过建筑形态、建筑符号、景观设施等方式进行传达和隐喻，使其能够与现代城市生活的新节奏融合在一起，形成具有地域特色的寒地城市文化氛围。我国寒地城市在历史长河的变迁中，形成了很多优秀的文化传承，如满文化、金文化、高句丽文化等（表9-1），具有良好的历史文化背景，应该让这些宝贵的历史文化在寒地城市环境中进行碰撞和交融，形成具有独特历史文化个性的寒地城市环境。

表9-1 我国寒地城市的典型本土历史文化特色分析

本土历史文化特色	城市	特色元素
明清文化	沈阳	沈阳故宫、昭陵、福陵、盛京方城
高句丽文化	吉林、集安	高句丽山城遗址、王陵
金文化	阿城	金上京会宁府遗址
满文化	长春、吉林、牡丹江	伪满皇宫、伪满八大部旧址

目前，随着现代寒地城市发展和更新速度的加快，历史文化在街道中受到了极大的冲击，历史遗迹的保存方法和方式成为重要问题，以往简单的保留历史遗迹的方式已经不能适应现代城市的快速发展，我们应不断探索能够与新的城市环境相结合的历史文化内涵体现方式，应使寒地城市的本土历史文化与现代文化有机融合，使其能够在现代城市环境中绽放光彩，为寒地城市空间添加富有鲜明个性的历史元素。在德国柏林的街道中，通过街道设施、景观的营造等多重方式，对二战以后德国分裂和冷战这一重要的历史事件进行了无声的记录，柏林墙是柏林城市历史中不可磨灭的记忆，它记载了一个时代的故事，柏林将这些墙体的片段摆放在不同的街道中，并配合了历史的相关说明和记录，向人们展示一段具有重要标志性的城市历史（图9-1），其与现代街

道生活有机地融为一体，行人在城市街道中，不仅可以感受到现代大都市的快速节奏，也能体会到这里曾经的历史沧桑，从而对城市文化有了更深层次的认知与感受（图 9-2）。另外，柏林市还在柏林墙遗址位置的街道路面上进行了特殊石材的铺装，时刻提醒人们铭记这段历史，同时设置了很多透明玻璃的信息展示牌，向街道中的人们讲述着城市的历史变迁故事，使行人对柏林的城市历史文化产生更加深刻的认知和感受（图 9-3）。

图 9-1　德国柏林街道中的
柏林墙片段

图 9-2　街道中历史与现代元素的
碰撞与融合

9.1.2　异域文化的兼容并包

我国寒地城市在近代的城市发展中受西方文化影响较大，形成了许多带有异域色彩的城市街道风貌，在寒地城市街道的建设和发展中，我们应将这些宝贵的城市街道片段加以保护和利用，使其与本土文化兼容并包，激发寒地城市街道的崭新生命力。

异域文化是寒地城市中的宝贵财富，但如果保护不当或利用过度都会给寒地城市的整体形象带来负面影响。目前我国有些寒地城市对街道中异域文化遗迹的

图 9-3　德国柏林墙的街道遗址表达

保护工作做得不够，导致在城市街道更新的过程中那些带有异域文化的建筑和设施被破坏严重，甚至消失；也有些寒地城市为了突出其街道特色，将现有的很多建筑都进行立面改造，街道中新建的大量建筑也都仿照异域建筑的造型，形成了大量的"新古董"，导致城市千街一面，失去了原本的文化魅力，这些做法给寒地城市的活力提升造成了极大的负面效应。例如在哈尔滨的城市更新中，将大量的临街现代建筑改造成具有丰富线脚变化的欧式建筑，街道中大量的新建建筑也都以欧陆风格为美，使城市街道中充斥着大量具有异域感觉的山寨建筑（图9-4），不但掩盖了原有历史建筑的魅力，还使城市街道失去了其原有的特色，这是极不可取的城市建设方式。

寒地城市街道作为展现城市历史最直接的窗口，应该对异域文化采取兼容并包的态度，使那些具有异域色彩的建筑和景观在街道中体现出自身的美与价值，在时光的磨砺下华彩依旧，成为人们追忆城市历史的情感寄托。对于寒地城市中带有异域历史文化色彩的街道首先

图9-4　街道中充斥着所谓欧陆风情的"新古董"

应该尽量保护和修复，并随着时代的发展，给街道注入新的活力，使其不会变成一个被保留的城市孤岛，而是将更多的城市生活引入其中，可以在不影响城市整体风貌的前提下，引入传统商业、特色旅游等项目，给历史街区赋予鲜活的生命力。哈尔滨的中央大街是将异域文化融入现代城市生活从而提升城市形象和活力的成功实例，中央大街记载着哈尔滨饱经沧桑的历史和璀璨的文化底蕴，凝聚了哈尔滨开埠以后辉煌的历史记忆，整条街道汇聚了大量古典主义、新艺术运动、折中主义、巴洛克等多种异域风格的建筑，这条百年老街在记载着城市的历史的同时，还与时俱进地进行着发展和更新，比如在街道中引入具有俄罗斯和欧陆

风情的餐饮、购物、旅游等
项目，让城市街道中的异域
文化在时间和空间上得到有
机延续，使这条百年老街在
今天仍旧散发着迷人的活力
（图 9-5）。

9.2　城市社会文化的活力效应

图 9-5　哈尔滨中央大街充满活力的异域文化建筑群

寒地城市的地域文化会根据社会的物质生产而发生不断变化，并受
到经济、政治等综合因素的影响，形成具有地域特色的寒地城市社会文
化。寒地城市街道作为行人感受城市文化的重要场所，应该对城市的社
会文化进行合理表征，其中包括我国寒地城市所特有的传统工业文化，
以及随着社会经济发展所形成的现代多元文化，使行人可以通过街道生
活感受到寒地城市的独特社会文化，并形成良好的认知体验。

9.2.1　传统工业文化的价值更新

我国寒地城市大多属于国家在"一五""二五"时期以来重点发展
的老牌重工业基地，有很多著名的传统工业街区，包含了石油化工、钢
铁、煤炭、机械、电子等产业类型，为我们留下了宝贵的传统工业文化
资源。近些年，随着社会经济的不断发展和转型，传统工业失去了原有
的生产功能，逐渐被新的产业类型所替代，但其对于寒地城市而言仍然
具有很宝贵的文化价值，它们是我国重工业基地发展的历史见证，是寒
地城市传统工业文化的重要线索，是人们追忆城市特色文化不可或缺的
片段。

传统工业文化的价值更新成为很多寒地城市面临的一个重要问题，
为了能够将传统工业文化的宝贵价值在寒地城市街道中得以保留和发扬
光大，首先可以通过保护这些工业遗迹来留存这段辉煌的城市记忆，当

人们漫步在城市中，会对这段特殊的城市发展经历产生全新的文化认知，尤其是对于城市里的旅游者，具有传统工业文化的遗迹向人们讲述一个时代的城市故事，人们会对寒地城市产生更加深刻的文化印象。沈阳市作为我国重要的重工业城市，传统的铁西和大东两个城区，以及后来居上的铁西新区、浑南新区、沈北新区和张氏开发区等延续发展了沈阳市百余年创造的无数辉煌[49]。其城市的发展受到传统工业文化的重要影响，有着"东方鲁尔"和"共和国装备部"的美誉，随着城市的更新和发展，虽然重工业已经搬离了城市中心，但是在城市中依然留下了很多传统工业遗迹，沈阳市对其进行了保护，并进一步建立了铁西工业文化长廊、工业文化展区等一系列能够展示传统工业文化风貌的街区（图9-6），这里的街道承载了沈阳独特的经济和政治背景，使寒地城市街道中富有地域特色的社会文化保持了往日的活力（图9-7）。

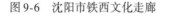

图9-6　沈阳市铁西文化走廊　　　图9-7　沈阳市铁西区街道中表征
传统工业文化的浮雕

　　其次，寒地城市的传统工业文化可以通过更新原始功能的方式进行再开发利用，对传统工业文化的改造和利用不仅可以帮助寒地城市取得巨大的经济效益，还可以有效地激发寒地城市街道的潜在活力。德国著名的鲁尔工业区在历史上曾是重要的工业基地，掌握着国家的工业命脉，但在20世纪中期，鲁尔工业区经历了大规模的产业衰退，面临着迫切的产业转型，后来经过富有创意的规划和设计，将遗留下来的工业遗迹进行再次开发利用，大至桥梁、水坝、高炉、厂房，小如一个斜坡、一座小丘、一丛杂草或一棵小树，都尽可能原汁原味原地保留。高大的厂房用来举行展览、办音乐会，有的改建成博物馆，展示鲁尔区的过去和现在（图9-8）。传统工业文化与城市街道的完美结合促进了鲁尔区旅游业的发展，烟囱吐雾、高炉林立、铁道纵横、机器轰鸣都是传统工业文化的典型符号（图9-9），给人们打造了全新的文化体验之旅，使传

图 9-8　德国鲁尔新区中汇集传统
工业建筑的街道

统工业文化在现代城市街道中得到重生，同时也赋予城市街道生生不息的活力（图9-10）。2001 年 12 月，鲁尔新区被联合国教科文组织收录入《世界文化遗产名录》。

图 9-9　德国鲁尔新区中具有典型
传统工业符号的建筑

图 9-10　德国鲁尔新区充满活力的
街道文化活动

9.2.2　现代多元文化的复合表达

随着寒地城市现代政治、经济和技术的不断发展，不同的寒地城市根据其地理特色和人文特色形成了富有自身个性的城市气质。寒地城市应该对这些多元的现代文化进行复合表达，体现其在商业、科技、文化等多方面的综合面貌，使自身具有多元化的文化内涵，进而从不同角度对寒地城市的活力进行综合提升，同时使人们对寒地城市产生多方位的文化认知。

　　寒地城市在其发展过程中会逐渐形成符合自身特色的城市文化，为了能够更好地向人们展示寒地城市现代文化的多元性，可以在城市街道中更多地添加现代文化元素，增强街道作为城市生活载体的传达功能。城市街道的活力来自于居住空间、消费空间、生产空间等在街道中的高度叠合与互动，产生社会生活共同体，并体现出对文化的多样性包容和邻里身份的认同[50]。我国寒地城市地理位置优越，具有很好的自然生态条件和人文条件，并且已经形成了一些典型的现代多元文化特色，见表9-2，以长春市为例，其汽车文化、电影文化、雕塑文化等都在全国乃至世界享有盛名，长春市拥有电影城、汽车城、雕塑城、春城、森林城、光学城、科技文化城等众多美誉[51]，我们可以将这些富有特色的城市社会文化变为城市活力的触媒点，将这些典型文化元素在寒地城市中以建筑、景观、设施等形态进行创新表达，以此提升寒地城市的整体活力，使这些特色社会文化可以给人们的街道生活留下深刻的印象。

表9-2　我国寒地城市的典型现代多元文化特色分析

城市	城市特色
长春	电影城、汽车城、雕塑城、春城、森林城、光学城、科技文化城
沈阳	园博会、国家森林城市
哈尔滨	东方莫斯科、东方小巴黎、冰城夏都
伊春	祖国林都、红松故乡、天然氧吧、漂流之乡

　　长春市是我国电影文化的摇篮，已经具有50多年的历史，长春电影制片厂作为我国东北部重要的电影拍摄、制作基地，很多著名影片都在这里诞生，具有浓厚的影视文化氛围。为了能够将富有特色的影视文化深入人心，激发城市社会文化氛围，长春市夏季里会在街道中开展露天电影活动，选择部分行人活动比较频繁的街道播放近2000场露天电影（图9-11）。寒地城市的夏季夜晚气候凉爽宜人，人们都喜欢到街道中散步、娱乐，街道露天电影给人们提供了一个感受城市文化的平台，促进了人们的街道交流和沟通活动，受到行人的广泛喜爱。一场有趣的露天电影，一次行人间的温情碰撞，会给行人留下美好的街道活动体验

和回忆，拉近了人与人之间的距离感，极大地活跃了寒地城市在夏季里的社会文化氛围（图 9-12）。

图 9-11　长春市夏季夜晚的街道
　　　　露天电影播放

图 9-12　街道露天电影吸引
　　　　大量行人驻足观看

9.3　城市民俗文化的活力传承

　　寒地城市的地域特征与自然环境和人文环境息息相关，在它们的共同作用下，影响着人们的生活方式[52]。人是城市活力的灵魂，寒地城市经由多年的历史沿袭和时代变迁，逐渐形成了一些具有地域特色的民俗文化，它们体现了寒地城市居民独特的个性和文化色彩，是寒地城市中最鲜活的生命力。寒地城市中的民俗文化包括一些北方传统的民俗活动，以及由不同城市民间形成的特色自发文化，这些具有生命力的民俗活动应该在寒地城市中大力推广，增加人们对城市生活的自我认同感和归属感。

9.3.1　传统民俗文化的精神延续

　　传统民俗文化是依附人民的生活、情感、习惯与信仰而产生的，具有很强的集体性和参与性，是寒地城市中宝贵的人文财富，寒地城市街道作为人们城市生活的重要载体，应该使传统民俗文化的精神在街道中得到延续和发展，从而提升寒地城市街道生活的质量和活力。

　　传统民俗文化是寒地城市非物质文化遗产的一部分，是人民长期创造积累的艺术财富，应该将其不断延续并发扬光大，而城市街道就是传统民俗文化的一个良好载体[53]，传统民俗文化不但可以在寒地城市街道中进行展示，还可以邀请行人进行广泛参与，进一步扩大其文化影响力。我国寒地城市居民具有粗犷、豪放、欢快、自由的个性，形成了很多具有代表性的传统民俗文化形式，主要包括秧歌、二人转、关东文化等，在寒地城市街道中组织传统民俗文化活动，可以促进其更新和发展，给街道带来活力的同时也赋予传统民俗文化全新的生命力。

东北秧歌是寒地城市中典型的民俗文化活动，也是深受人们喜爱的一种街道歌舞形式，将东北人民热情质朴、刚柔并济的性格特征表达得淋漓尽致。东北秧歌具有节奏明快、富有弹性的鼓点，以及哏、俏、幽、稳、美的韵律。每逢传统节日，人们就会穿上色彩艳丽的服装，走上街头参加到秧歌活动中，东北秧歌还

图 9-13　街道中的东北秧歌活动

可以通过饰演不同的人物角色向人们传达有趣的故事情节，其动作生动活泼，造型优美，深受人们的喜爱（图 9-13）。东北秧歌还是很好的健身活动，茶余饭后，会有很多人自发地来到街道中，参与到秧歌舞蹈中，给寒地城市街道增添了很多富有地域特色的活力，同时将这个宝贵的传统民俗文化延续下来。此外，东北二人转也是寒地城市中富有特色的传统民俗文化活动，唱词诙谐幽默，富有生活气息，二人转的唱腔，素有"九腔十八调七十二嗨嗨"之称，共三百多个，汇聚了东北歌舞文化的精髓。寒地城市街道中的二人转活动可以激发人们对本土文化的自豪感，在城市街道活动中获得更多的自我实现感（图 9-14）。关东文化也是我国寒地城市中的典型传统文化之一，以满汉文化的交融为主要特征，在沈阳市每年都有关东民俗文化节，街道中内容丰富、热烈欢快的活动表演凸显了寒地城市的地域特色，也使传统民俗文化能够生生不息

地延续下去（图 9-15）。

图 9-14　民众参与的街道二人转表演　　图 9-15　街道中的关东文化节庆活动

9.3.2　民间自发文化的时空演化

　　人是街道活动的主宰者和参与者，他们在寒地城市街道活动中具有表现自己、交流互动的情感愿望，因此，人们经常会在街道中组织一些自娱自乐的文化活动，经过多年的时空变迁，会形成很多民间自发文化，与传统民俗文化相比，其影响范围和规模要小很多，但它们立足于民众生产、生活背景，以通俗活泼的形式在寒地城市街道中出现，是人们自发创造用于娱乐自我和民众的一种文化形态。民间自发文化可以为寒地城市街道提供最朴实的活力源泉，能够最直接、客观地反映寒地城市街道的地域特色，并受到人们的广泛喜爱和欢迎。

　　寒地城市街道中的民间自发文化在其产生和发展过程中都具有很强的随意性，创作形式比较自由，发生地点也比较随机，没有固定的活动团队，也没有固定的活动形式，完全是人们自发、随性地在街道中进行自我表现的一种文化形式，其轻松灵活的特点决定了民间自发文化在寒地城市街道中强大的生命力。在其流传过程中，也是人们率性而作、随心而改，不必顾虑人们是否接受、作品内容是否成熟、是否有吸引力等，正是因为民间自发文化的这些特质，使其在寒地城市街道中生生不息地发展起来。因此，寒地城市街道应该为民间自发文化提供更多的发展空间和演变空间，让更多的人参与到这种鲜活的街道文化之中，使民众不仅成为寒地城市街道文化的体验者，还成为文化的传承者。

　　民间自发文化经过多年的时空演化而具有更鲜活的生命力，寒地城市街道的规划和设计者应该有意识地通过城市设计的方式对民间自发文化进行组织，为人们提供更加丰富多彩和富有地域特色的街道生活，增加寒地城市街道的多样性特色，使之成为寒地城市街道中一道独特的风景。哈尔滨中央大街和建设街等街道中，有很多街头画家自发地组织在一起，向人们展示他们的艺术作品，感兴趣的行人可以坐下来，只需几分钟就可以得到一张自画像，是非常有趣的街道体验，也可以成为人们美好的回忆，街头画家已经成为哈尔滨城市街道中一道独特的人文景观（图9-16）。德国慕尼黑市比较繁华的街道中经常有人们自发组织的马车巡游活动，给人带来一种穿越时空的奇妙感受，同时也给街道增添了独特的历史沧桑感，行人也可以选择坐上马车，从另一个视角来观察和体验这个城市（图9-17），这种民间自发的街道活动具有很强的灵活性，经常给行人带来很多意想不到的收获。

图9-16　街头画家已经成为哈尔滨街道中的特色景观

图9-17　德国慕尼黑街道中的马车巡游

第10章

城市本土景观的特色打造

　　寒地城市独特的地理位置使其具有明显的地域特色，从人的审美角度考虑，彰显本土特色的城市景观会给人带来更好的城市认知感受，避免目前我国寒地城市千篇一律的问题。随着四季而产生丰富变化的街道绿化，以及具有寒地城市地域特点的景观小品都会提升人们对城市景观的审美体验，此外，冬季里的冰雪景观也是寒地城市街道本土景观的突出特色，对寒地城市的形象塑造和街道冬季活力提升都起到了很好的促进作用。

10.1　景观绿化的季节嬗变

　　寒地城市四季变化分明，对景观绿化的视觉效果产生重要影响，为了在全年中的不同季节都给人们带来良好的视觉美感，在寒地城市设计中应注意绿化基调在不同季节的合理搭配，形成四季变化丰富的街道绿化景观，凸显寒地城市的独特魅力。由于寒地城市冬季气候寒冷，不利于绿色植物的生长，因此，寒地城市的景观绿化设计还要着重注意绿化品种的抗寒选择以及景观绿化的冬季防护问题，以此适应不同季节变化对景观绿化产生的影响，保证城市人行空间中优良的绿化环境，以达到愉悦身心的效果。

10.1.1　绿化基调的季节搭配

　　寒地城市的街道景观绿化决定了整个城市的基调，街道绿化随着季节变化而出现明显变化，在不同的季节呈现不同的色彩、形状和氛围，在进行寒地城市街道绿化设计时要充分考虑到其季节变化性，兼顾一年四季的审美效果，对街道的绿化基调进行不同季节的合理搭配，遵循多树少草和四季园林的原则，形成鲜明的空间环境[54]（表10-1）。可以选择以深绿色为主的常绿针叶树作为背景树木，并配合黄绿色、红色等浅色树种，在四季形成丰富的组合变化。

表10-1　不同季节的寒地城市街道景观绿化

春季	夏季	秋季	冬季

寒地城市街道景观绿化应顺应季节变化而形成不同的视觉效果，利用绿化树种的自然生长规律，形成良好的季节搭配，为人们提供具有不同审美效果的步行空间环境（表10-2）。寒地城市由于地理纬度较高，每年的春季来得较晚，因此，街道绿化应尽量选择春季开花较早的树木，让经历了寒冬的人们更早地感受到春天的生机，为寒地城市街道增添更多的色彩和活力，比较适宜的方式是利用旱柳做背景绿化，再配合榆叶梅、山杏、京桃等在早春先叶开花的植物，形成层次丰富的春季街道绿化景观效果。夏季是植物生长的最佳季节，在夏季里寒地城市街道绿化景观比较茂盛，街道两侧可以种植高大的乔木，例如紫椴、白桦、胡桃楸等，以达到为步行空间遮阳的效果，同时浓密的树冠配合各色的花卉可以给人带来色彩丰富的视觉感受。到了秋季，寒地城市街道的绿化景观应该更多地考虑选用观赏价值较高的树种，可以对街道中原有的常绿树种进行美化点缀，也可以成片布置以形成群体景观效果，这样可以从美学角度为人们提供具有良好视觉效果的秋季步行环境，还可以增加寒地城市街道景观绿化的季相变化，同时，秋季里街道景观绿化的花朵和果实也具有较高的观赏价值，使人们对四季的街道印象更加深刻，因此，比较适宜秋季的绿化树种主要有落叶松、银杏、旱柳、胡桃楸、白桦等，这些树种的共同特点是在秋季具有较强的观赏性，为秋季的步

行空间提供绚丽的色彩和蓬勃的生机。

表 10-2　适宜不同季节的寒地城市街道景观绿化类型

季节	绿化特征	适宜树种
春季	先叶开花的植物	旱柳、榆叶梅、山杏、京桃等
夏季	冠大雄浑、可遮阴的树种	紫椴、白桦、胡桃楸等
秋季	具有较强观赏性的树种	落叶松、银杏、旱柳、胡桃楸、白桦等
冬季	常绿树种、枝干形态美的植物	油松、桧柏、龙柏、红瑞木、白桦等

　　寒地城市街道景观绿化在冬季里树叶大多落去，质感也更为稀疏，其审美效果主要取决于树干和枝条的色彩和纹理，尤其对于人经常活动的街道区域，对人们近距离观赏和接触的街道景观绿化应进行仔细斟酌，将质感细腻、精致的景观绿化布置在近人空间，而将质感较粗糙的植物用作远景的营造或背景绿化。植物应用比例对寒地城市街道景观设计尤为重要，在考虑灌木、乔木、草本植物应用比例的同时，还要考虑常绿植物和落叶植物的配比[55]。常绿树种在冬季仍可保持其原有的绿色，例如油松、桧柏、龙柏等，但往往颜色较深，可以作为城市景观的背景，如果大面积使用，会略显沉重和阴郁，需要注意与街道中其他色彩鲜明的景观小品或建筑进行合理搭配。

10.1.2　绿化品种的抗寒选择

　　寒地城市冬季寒冷干燥，对城市景观绿化的正常生命活动造成了很大影响，为了提高冬季景观绿化的效果，并保证其能够在冬季寒冷的天气下存活，寒地城市的景观绿化品种应该考虑到其抗寒特性，在保证美观的前提下，尽量选择抗寒性较强的景观绿化品种。

　　不同的绿化树种根据其生长特性而具有不同等级的抗寒能力，见表 10-3，寒地城市街道景观绿化可以适当选择抗寒能力强的常绿树种作为背景绿化，如樟子松、桧柏、红皮云杉、红松等，这些常绿树木可以在冬季为寒地城市带来一抹绿意，配合冬季的皑皑白雪，凸显寒地城市街道的独特景观。但是常绿树种的颜色一般偏深绿，在绿化树种的选择上还应考虑其他季节的审美效果，因此，在寒地城市街道景观绿化中还应配合其他落叶乔木和灌木树种，如榆树、沙松、糖槭、加杨、小叶杨、紫丁香、珍珠海等，这些树种可以为夏季的街道景观增加更多的生机，丰富街道中绿化的形态和色彩，并且冬季落叶的绿化树种，也更加有利于街道人行空间接收更多的冬季日照，改善街道的微观气候环境。同时可以根据街道空间的大小、主次、开敞或封闭等视线渗透关系，来确定乔灌木种类和种植模式[56]。例如，紫丁香作为一种抗寒绿化品种，被誉为哈尔滨的市花，其不但具有较好的抗寒属性，还具有较早的花期，在早春季节里，当街道中的各种景观绿化刚刚开始长出新叶，紫丁香的紫色花朵已经绽放，为寒地城市街道带来了难能可贵的春意和生机，同时也带来了无限的活力，受到人们的普遍喜爱。寒地城市街道的景观绿化树种要综合考虑其抗寒性、美观性等因素进行选择和搭配，长春市根据这个原则，选择了黑皮油松、垂柳、加拿大杨、小叶杨、小青杨、京桃、山杏、榆树、梓树、糖槭、稠李等 11 个树种作为其城市街道景观绿化的主要树种，取得了良好的街道景观效果，使人们在不同季节里都可以享受到美好的城市街道景观。

表 10-3　适宜寒地城市街道的绿化品种

	常绿树种	落叶乔木	落叶灌木
抗寒性最强	樟子松、桧柏、红皮云杉、红松	榆树、沙松、糖槭、加杨、小叶杨、绦柳、青杨、元宝枫、蒙古栎、旱柳、紫椴、糠椴、胡桃楸	紫丁香、珍珠海、茶条槭
抗寒性中等	东北红豆杉、杜松、黑皮油松	樱花、新疆杨、梓树	珍珠绣线菊、锦带花、木绣球、榆叶梅

10.1.3　景观植物的冬季防护

寒地城市景观植物的生长在冬季里受到较大威胁，主要因为冬季较低的气温和冰雪天气；另外，在冬季街道除雪过程中所使用的机械和融雪剂等也会对街道景观植物的生长造成一定的影响。为了保证景观植物的正常生长和美观效果，寒地城市设计应对景观植物进行有效的冬季防护。

　　首先，针对寒地城市景观绿化中的落叶灌木，可以通过在冬季加设防雪板的方式来对其进行保护，近些年来，我国寒地城市街道在冬季除雪过程中融雪剂的应用越来越广泛，而街道两侧的落叶灌木一般高度较矮，很容易受到融雪剂的危害，防雪板可以有效地防止融雪剂对其生长土壤的污染，保证其正常的生长环境。如图 10-1 所示为哈尔滨长江路的夏季和冬季街道景观绿化对比，在冬季里，对街道中的灌木边缘设置了防雪板，防止带有融雪剂的积雪对植物的腐蚀和损害，起到了明显的作用。

a)　　　　　　　　　　　　　　　　b)

图 10-1　哈尔滨长江路夏季和冬季街道绿化的对比

a) 夏季景观　b) 冬季防护

　　其次，针对寒地城市街道景观绿化中的大型常绿树种和落叶乔木，可以对其树干的近地部分进行冬季防护，一般将其离地面 1m 左右范围内的树干用草绳或其他保温物质进行包裹，这样既可以达到御寒的效果，又可以防止冬季清雪机械对树干的损伤，使景观植物在春暖花开的时候可以复苏。这种对街道中树木的冬季防护方式简单有效，但由于其需要耗费大量的人力和物力成本，目前在我国寒地城市中应用并不广泛，仅仅对一些重要树木进行防护，在今后应尽量扩大对景观绿化的冬季防护范围。

再次，针对寒地城市中距离车行道较近的景观绿化，这部分景观植物更容易受到冬季融雪剂的危害，可以适当选择具有抗盐属性的绿化品种。因此，在寒地城市景观植物的选择中，在保证美观的同时，不仅要考虑其抗寒属性，还应兼顾其抗盐属性。具有良好抗寒和抗盐属性的绿化品种主要包括旱柳、梓树、杂交杨、白榆、白皮松、侧柏、杜松、紫丁香、榆叶梅等，在进行寒地城市景观绿化的设计中，应充分利用这些绿化品种的寒地适应性，并对其进行有效的冬季防护。

10.2　景观小品的特色彰显

除了四季变幻的街道绿化以外，具有本土特色的景观小品也是提高寒地城市景观美观效果的重要因素，街道中的雕塑景观可以反映寒地城市独特的地域属性，反映不同的社会文化生活；另外，随着近些年寒地景观技术的不断进步，水体景观在寒地城市中的应用也越来越广泛，给寒地城市街道带来变幻、灵动的审美元素，不断丰富人们在街道中的审美感受。

10.2.1　雕塑景观的本土弥合

寒地城市中的雕塑景观是体现城市文化的重要窗口，为了凸显寒地城市的地域特色，可以从雕塑景观的色彩和主题等方面入手，使其能够适应寒地城市的气候特点，并体现寒地城市的人文特点，人们行走在街道中可以感受到寒地城市独特的本土文化美，增强人们对寒地城市的地域认知感和归属感，为城市活力的提升打下良好的基础。

寒地城市冬季气候寒冷而万物凋零，给人的总体感觉会比较灰暗和沉闷，为了改善人们单调的视觉感受，可以通过雕塑景观的色彩设计，对寒地城市的冬季景象进行调节，在原有灰暗色调的基础上，增添多色彩系列，增加城市街道给人带来的温暖感，提升寒地城市街道的冬季活力。利用植被形成的雕塑景观比较适合寒地城市的地域环境，其绿意盎然的景色可以在夏季给街道景观带来无限乐趣，在冬季里还可以为街道带来一抹绿色的生机，有效地增添了寒地城市街道的景观特色。如图 10-2 所示为哈尔滨黄河路中的街道绿化雕塑景观，其采用哈尔滨城市历史文化中最具代表性的索菲亚教堂作为模本，利用绿化雕塑的形式将其展现在人们面前，与街道中的绿化树木相映生辉，既凸显了哈尔滨的城市地域文化，又给人们带来了视觉上的艺术享受，其鲜艳的

图 10-2　体现历史文化的哈尔滨市
街道绿化雕塑景观

色彩在冬季街道白雪覆盖的时候，更能显示其突出的景观效果。再如图 10-3 所示，为长春市高新区街道中的主体雕塑，其运用艳丽的红色和刚劲的线条体现了长春作为东北老工业基地的特色工业文明，同时给人朝气蓬勃和积极向上的心理暗示，尤其是在寒冷的冬季，其景观效果就体现得更为突出。寒地城市街道中还有一些体现本土民俗文化的雕塑景观，如图 10-4 所示，一组表现东北秧歌的街道雕塑将人们瞬间带入到欢快的氛围之中，柔美的线条配合动感的姿态，使人们仿佛身临其境一般体会到东北秧歌带来的热情。在瑞典街头还有运用不锈钢和彩色塑料

图 10-3　体现工业文化的长春市
街道雕塑景观

图 10-4　体现民俗文化的沈阳市
街道雕塑景观

制成的花朵，成片的鲜艳花朵不仅在夏季给人带来美的享受，在冬季里其鲜艳的色彩更是变得十分珍贵，为冬季城市街道带来无限的生机和活力，极大地改善了人们在冬季里单调的色彩景观审美环境。

10.2.2　水体景观的季节应变

寒地城市景观效果受到季节影响比较明显，由于寒地城市室外温度低于零度的时间较长，一般要持续半年左右，不利于城市水体景观的营造，因此，我国在以往的寒地城市景观营造中对水体景观的应用十分有限。寒地城市的水景应根据四季不同的形态特征，营造独特的空间感受[57]。近些年随着水体景观技术的不断发展，其在寒地城市街道中的应用得到了不断拓展，尤其是在发达国家中，寒地城市街道的水体景观应重点解决的问题是根据四季特点进行合理应变，以迎合人们在不同季节的审美需求，营造灵动而富有生机的街道景观效果，为寒地城市街道景观带来新的活力元素。

城市水体景观根据动态和静态的不同造景方式，一般形式主要包括喷泉、叠水、水池等，这些类型的水体景观在冬季由于气候寒冷而无法保持其原有的景观形态，如果不能将水及时排出，冬季水的冻胀作用还会对景观设施造成破坏[58]，因此，寒地城市水体景观的季节维护十分重要，应做好灵活的季节转换设计，对水体景观做到良好的冬季保护。其中，比较便捷的处理方式是将寒地城市街道水体景观中的水在冬季全部排出，以防止冻胀作用对管道设施的不良影响，可以利用木板、钢板、卵石等材料将水体景观覆盖，形成可供人们站立的活动场地或供人们观赏的另类景观，由此可见，寒地城市中的水体景观最重要的特质就是要随着季节进行灵活的变化，以满足人们对其的审美需求和使用需求。德国柏林波茨坦中心位于市中心多条重要城市街道的交会处，一年四季有很多人在这里逗留并进行休闲娱乐活动，如图10-5所示，其在夏季设置了喷泉和水池等水体景观，给人们带来了动态的审美感受，增加了活力，到了寒冷的冬季，水池和其中的喷头用钢板保护起来，形成了可供人们驻足的街道活动场地，人们可以在这里举办小型的街道娱乐活动，实现了冬夏季之间的灵活转换，保证了不同季节的景观效果，使人们具有更好的审美感受，同时也丰富了人们城市生活的内容。

a）　　　　　　　　　　　　b）

图 10-5　德国波茨坦中心水体景观的季节应变

a）夏季喷泉景观　b）冬季公共活动场地

10.3　冰雪景观的冬季效应

冬季冰雪是寒地城市中独具代表性的地域景观元素，可以在景观营造中加以充分运用，独具特色的冰雪景观可以为城市的冬季景观环境增添美感，发挥冰雪景观在寒地城市中的冬季活力效应。考虑到人在街道中的线性活动特点，寒地城市街道中的冰雪景观营造应以人的审美需求为设计的出发点，设置具有节奏延续感的序列式街道冰雪景观，并在重点区域布置集群式冰雪景观以拓展地域形象，还可以在特定区域设置互动式冰雪景观，让人们与街道景观产生互动和交流，活跃冬季城市氛围。

10.3.1　序列式冰雪景观的节奏延续

冬季冰雪是大自然赋予寒地城市的独特资源，街道作为展示寒地城市形象的重要窗口，应通过冬季街道中的冰雪资源提升寒地城市的冬季形象。街道是寒地城市中典型的线性公共空间，人走在街道中的审美感受随着路线的变化而不断转移，因此，寒地城市街道中的冰雪景观应着重关注其在线性空间中的节奏延续，以形成较强的序列感，给人们创造连续的视觉审美感受。

序列式街道冰雪景观一般由相同设计主题的冰雕或雪雕组成，晶莹剔透的冰块和洁白无瑕的雪块经过艺术处理后，具有很强的观赏效果，尤其是经过特定的序列组合，更加突出了其视觉冲击力，作为寒地城市街道中的冬季临时景观，可以给人带来耳目一新的审美体验，同时更加凸显了寒地城市街道的地域属性。以哈尔滨为例，冬季街道上会有很多积雪，不但影响人们的正常通行，还会给街道整体形象维护带来不良后果，如图10-6所示为哈尔滨中央大街在冬季下雪后的景象，大量积雪被堆积在街道中间，人们被迫绕开积雪，给街道的步行活动带来了诸多不便，更是

图 10-6　未经积雪处理的
哈尔滨中央大街景象

图 10-7　具有空间延续感的
序列式街道冰雪景观

毫无美感可言，人们也都只是匆匆路过，想赶快避开积雪走到更容易行走的街道中去，对寒地城市街道产生了极为不利的影响。而经过设计和处理后的中央大街就呈现完全不同的景象，如图10-7所示，晶莹剔透的冰雕沿着街道线性展开，无论是从远处观看整体效果还是从近处欣赏精美细部，都可以给人们带来愉悦的审美体验。人们在街道中行走时，还可以欣赏到独特的冰雪艺术作品，是一种愉悦的街道体验，同时可以延

长人们在街道中逗留的时间，增加寒地城市街道的冬季活力。

　　由于冰雪景观具有季节性和灵活性，因此，其所表现的景观主题可以具有丰富变化，反映当下最具代表性和现实意义的典型事件，例如在2008 年奥运会期间，哈尔滨街道中的很多冰雪景观以奥运会及其相关元素作为表现主题，在 2009 年哈尔滨举办世界大学生冬季运动会期间，很多街道冰雪景观以大冬会的吉祥物等作为表现主题。寒地城市街道冰雪景观的灵活性决定了其能够以最快的速度将社会文化转化为具有地域特色的街道景观表达形式，受到人们的广泛喜爱。

10.3.2　集群式冰雪景观的形象拓展

　　寒地城市中的集群式冰雪景观可以对重点区域的景观效果进行突出强化，对寒地城市的冬季整体形象建立起到画龙点睛的作用，其所形成的冰雪景观节点可以吸引人们的注意力，以冰雪为媒介向人们展示具有地域特色的景观文化，可以在寒冷的冬季增加人们活动的乐趣，带来独具特色的审美感受。

　　集群式冰雪景观可以在寒地城市中形成节点效应，具有特殊形态的冰雪景观很容易激发人们的兴趣，从而起到活跃城市空间气氛的作用。例如，水在冬季里一般都是以冰的形式出现，而在哈尔滨中央大街的一处冰雪景观中，就利用特殊的技术手段，使水能够以液态的形

图 10-8　趣味性街道冰雪
景观吸引人们的关注

式进行流动，如图 10-8 所示，在寒冷的冬季，当街道上的人们看到此番景象时，出于好奇的心理都会被吸引到其周围来一探究竟，水与冰所形成的强烈反差创造了兴趣点，人们还会进一步展开交流和讨论，很好地活跃了街道中的氛围。另外，集群式冰雪景观还可以借助寒地城市节

点景观进行共同设计，与城市中原有的景观设施取得协调统一的审美效果，如图 10-9 所示的冰雪景观结合街道中原有的雕塑和景观小品形成了具有寒地城市特色的圣诞雪屋，洁白的雪屋既可以体现寒地城市的独特魅力，又可以和周围的冬季冰雪环境融为一体。冰雪景观与城市中原有雕塑景观还可以共同形成多层次的景观效果，如图 10-10 所示，增强了原有雕塑的地域属性，使原有的街道雕塑景观内容有了进一步的丰富，同时也强化了人们对寒地城市街道的地域认知感。由于街道冰雪景观所使用材质的特殊性，雕刻过程所花费的时间和成本都较少，每年冬季都可以有不同的景观造型呈现在人们面前，使寒地城市冰雪景观具有更强的灵活性和时效性，满足人们对街道景观审美需求的不断变化。

图 10-9　具有寒地特色的　　　　图 10-10　结合原有街道雕塑
　　圣诞雪屋街道景观　　　　　　　形成的多层次冰雪景观

10.3.3　互动式冰雪景观的氛围活跃

为了更好地改善了寒地城市冬季里给人带来的消沉印象，寒地城市中的冰雪景观除了可以供人观赏以外，还可以通过合理的设计，使其与行人产生积极的行为互动，增加冰雪景观带给人们的乐趣，吸引更多的人停留在街道中嬉戏玩耍，从而活跃了寒地城市的冬季氛围。

冰雪景观作为寒地城市中特有的景观形态，往往受到人们的广泛喜爱，如果将人们的街道活动与冰雪景观紧密联系在一起，既可以突出寒地城市的地域特色，又可以激发人们参与冬季街道活动的积极性。在寒地城市中，可以设置一些具有参与性、游戏性、互动性的冰雪景观，向行人发出邀请，让人们自发地参与到街道活动中（图 10-11）。每到冬季，寒地城市中都会有各式各样的冰雪景观，例如采用冰块作为材质的钢琴被摆放在街头，行人路过时可以即兴弹奏一曲，在愉悦了身心的同时也给其他人带来了动听的旋律，是一种极富有寒地特色的艺术表现形式，提高了人们在街道活动中的参与乐趣。再如寒地城市街道中一些利用冰块做成的游戏设施，有适合中老年人交流的冰象棋，也有适合小朋友们玩耍的冰滑梯。由于冰象棋的占地面积较大，会更加有助于多人参与和讨论，人们通过冰雪游戏可以在街道中结识更多的朋友，找到更多的乐趣。对于儿童，冬季里特有的冰滑梯可以带给他们许多乐趣，运用冰块作为游戏设施的材质总是可以给人们带来更多的新鲜感，吸引人们参与到街道活动中，是寒地城市街道积极形象鲜活的表现。另外还可以

a）

b）

c）

d）

图 10-11　与行人产生积极互动的街道冰雪景观

a）供人弹奏的冰钢琴　b）多人参与的冰象棋　c）供人拍照的冰相框　d）冰滑梯

设计一些等待人们参与的冰雪景观，例如街道中的冰雪相框，当人们看到这样的冰雪景观时，会不由自主地上前摆出各种姿势，留下这段美好的冰雪纪念，因此，寒地城市中的互动式冰雪景观的设计重点就是向街道中的行人发出积极的邀请，使更多的人参与到其中，共同组成具有寒地特色的鲜活城市景观。

第11章
城市街道设施的人文活力改善

　　城市活力与街道中人们的活动频率和时长有着直接的关系，而人们在街道中的活动又与街道公共设施是密不可分的，人性化的街道公共设施有助于提高人们在街道中活动的舒适程度，从而延长人们的街道活动频率和时间，提高城市街道活力。街道设施包括交通指示标志、公交站台、照明设施、电话亭、报刊亭、垃圾桶、休息座椅、自动售卖机等[59]，与人们在街道中的感受有着直接关系，寒地城市的冬季室外温度较低，远远达不到人们进行室外休闲活动的舒适温度标准，不适合人们长期停留，导致街道活力大大降低，但是通过合理的街道公共设施设计，对人们在街道中的多种需求进行细致入微的关注，在寒地城市街道公共设施的配置、外观和细部等方面体现人性关怀，由此可以有效提高人们在冬季过渡季节里的街道活动舒适程度，从而延长寒地城市街道中人们全年进行室外活动的时间，有效提高寒地城市的整体活力。

11.1　公共设施配置的人本体现

　　人们在寒地城市中的各种活动与街道公共设施都存在密切接触，为了使人们在城市中具有良好的心理感受，应从人的街道活动习惯、频率等方面入手，结合人体工程学、心理学、人体测量学等多方面的知识，使寒地城市街道公共设施配置能够满足人们的休闲娱乐需求，并尽量在人们经常使用的公共设施周围设置良好的景观环境，以给人带来愉悦的城市体验，同时最大限度地增加人们在街道中的交流机会，提高人们的自我认知感和自我实现感，使人们的街道活动变得更加积极主动和充满乐趣。

11.1.1　满足休闲需求

寒地城市街道中的公共设施配置应充分考虑独特的地域气候特点、人们的活动习惯、生活习惯等众多因素，以满足人们在街道中进行步行或休闲娱乐活动的需求，便捷、舒适、完善的街道公共设施配置可以使人们的街道活动变得轻松愉悦，以吸引更多的人逗留在街道中，给丰富多彩的街道生活提供了先决条件。寒地城市街道中舒适的公共设施有利于增加人们的街道活动时间和频率，对提高冬季过渡季节里的街道活力有着至关重要的作用。

冬季室外寒冷的温度限制了人们的街道活动，更多的人会在气候相对舒适的夏季和春秋季节进行街道活动，因此，人们在这些季节中对街道公共设施的需求程度就会增大，在寒地城市街道中应更多地设置休息座椅，合理配置公交站台，并对路灯和街道指示设施进行精心设计。科学合理的寒地城市街道公共设施配置可以给人们的长时间街道活动提供足够的休息和逗留场所，具备人性化关怀的寒地城市街道公共设施设计可以给人们带来更加舒适和愉悦的街道体验。

11.1.2　提供良好景观

寒地城市街道中的公共设施周围往往是人们长时间逗留的区域，其周围良好的微观气候环境、安全保障感和良好的景观视野都会给人带来更加愉快的身心感受。瑞典斯德哥尔摩的研究表明，城市街道中的休息座椅周边环境质量与其使用率之间存在着明确的关系，周围景观环境质量欠佳的休息座椅很少被人利用，只有 7% ~ 12% 的利用率，而周围景观环境质量较高的休息座椅则经常会有人光顾，利用率达到 61% ~ 72%[11]。这项调查研究是在天气较好的夏季进行的，如果是在寒冷的冬季，休息座椅的利用率会更低，其周围好的景观环境就显得更加重要，对提高寒地城市街道活力起到决定性作用。

人们在寒地城市街道中停留的时间越长，意味着城市街道更加具有生命力，要想创造具有生命力的寒地城市街道，就必须让更多的人在街道中驻足停留，休息座椅就是人们停下来的一个好理由，良好的景观环境也会吸引人们不由自主地停下来欣赏。寒地城市中具有地域特色的雕塑景观、喷泉、台阶、花坛等周边区域都是布置休息座椅的好位置，相比于那些在街道中孤零零布置的休息座椅，前者一定会受到人们的广泛欢

图 11-1　德国汉堡街头具有雕塑感的
休闲座椅[11]

迎。在德国汉堡市港口附近的街道中，布置了很多可以坐或卧的休息座椅，座椅本身就是一个个优美的城市雕塑，如图 11-1 所示，人们在这里既可以观赏到美丽的港口风景，还可以享受到好天气带来的舒适，自然会多停留一会儿，人们在自身享受城市街道地域风景的同时，也为城市街道添加了更多的活力和生命力。

图 11-2　丹麦哥本哈根街头
避免孤单感的座椅[11]

另外，人们在城市街道中选择座椅时都比较倾向于人流比较集中的区域，极少有人喜欢孤零零地坐在角落，大多数人都愿意坐在别人附近，但是又不能太近[60]。因此，在寒地城市街道休息座椅的设计中，如果周围没有足够吸引人的景观时，还可以让座椅本身成为一种景观，让人们坐在上面时不会感到孤单和无聊。在丹麦哥本哈根市的街道座椅设计中，就将街道中的雕塑景观与座椅相结合，如图 11-2 所示，设计了很多带有铜像

雕塑的座椅，即使只有一个人坐在这里，也不会产生孤立感和不安全感。寒地城市街道中的休息座椅在天气寒冷的时候就很少有人问津，这样的设计无疑会给使用休息座椅的人带来更好的心理感受，提高人的安定感和舒适感，延长人们在街道中的逗留时间。

11.1.3 促进互动交流

促进人们在寒地城市街道中进行互动交流的先决条件是人的长时间停留，只有对公共设施进行合理和舒适的配置，才可以吸引更多的人停下来，为人们的互动交流提供机会，尤其是在寒冷的天气里，人们在街道中更多的驻足就给丰富的街道活动带来了无限的可能性，这对寒地城市街道的冬季活力提升具有重要意义。

提高寒地城市街道中休息座椅的舒适性是延长人们停留时间的有效方法，例如在寒地城市街道中，有靠背的座椅就比没靠背的座椅更加受到人们的欢迎，尤其是结合人体曲线设计的座椅，可以给人带来更加舒适的身体感受。此外，寒地城市街道中休息座椅的摆放位置和方式也很重要，在寒冷的冬季，人们都希望接收更多的阳光照射，因此，休闲座椅应尽量摆放在街道的向阳一侧，还可设置一些可以灵活移动的座椅，这样人们可以选择在他们认为舒适的地方进行休息和交流，也更加有利于座椅在不同季节的摆放变化和储存。

如果说舒适的寒地城市街道休息设施给人们提供了停留的条件，那么丰富的街道生活就给人们提供了停留的理由，可以极大地促进街道中的交流活动。例如在很多西方国家的寒地城市街道中，街边咖啡座为人们提供了停下来的好理由和互相交流的好机会，虽然漫长的冬季并不适合户外活动，但是人们会在天气条件允许的情况下，尽量多地在街边享受咖啡带来的悠闲生活。目前，街边的咖啡座在丹麦、芬兰、瑞典、冰岛等国家都十分盛行，如图11-3所示，在瑞典斯德哥尔摩、丹麦哥本哈根这样典型的寒地城市中，市中心的街边咖啡座都达到7000张以上，提供户外服务的时间也不断延长，由8个月上升至10个月乃至全年。街边咖啡座给人们带来了休闲愉快的交流体验，也为人们提供了感受寒地城市街道生活的好机会。如图 11-4 所示为冰岛雷克雅未克市的街边咖啡座,在夏日的午后,人们会聚集在这里聊天、看报、聚会等,这里是享受惬意城市生活的好地方。我国寒地城市街道可以借鉴发达国家的经验,引入更多的可供人们长时间停留的街道设施,提高寒地城市街道生活的质量,为街道中的每个人创造富有生机、乐趣并宜人的空间,让人们充分体会到相互交流带来的愉悦感受。

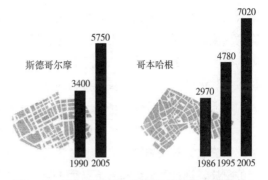

图 11-3　瑞典斯德哥尔摩市和丹麦哥本哈根市街边咖啡座数量激增[11]

图 11-4　冰岛雷克雅未克市夏日午后的街边咖啡座[11]

11.2　公共设施外观的宜人处理

寒地城市四季气候变化明显,街道公共设施设计应兼顾不同季节里人们的使用需求,对其外观进行宜人化的处理,使用温暖的色彩,采用导热系数低和保温效果好的材质,街道设施形态设计也要经过仔细的推敲,使冬季积雪能够自动滑落以防止积雪影响设施的使用,为人们营造惬意、安定并富有生机的寒地城市街道环境。

11.2.1　设施材质的适宜选择

大多数寒地城市街道公共设施都与人体有直接接触,不同材质的街道公共设施给人带来的感官体验完全不同，会直接影响人们在街道中的愉悦程度。在夏季里，街道公共设施应尽量避免大面积的硬质材料在太阳的暴晒下升温，而使人感到不舒适；在冬季里，街道公共设施应注意材质的防滑防冻，在与人直接接触的公共设施中要避免使用导热系数过大的材质，而应尽量使用可以给人带来温暖体验的材质。

寒地城市街道中与人体接触较多的公共设施主要有休息座椅、健身活动设施、游戏设施等，笔者通过调研我国寒地城市街道公共设施中常用的材质，进行了总结和分析（表 11-1），其中人体使用舒适程度较高的材质主要包括木材、塑料、藤条以及复合材料，这些材质的共性是导热系数较低，使用灵活方便，不会因夏季表面温度过高和冬季表面温度过低而给人带来不舒适的使用感受。而人体使用舒适度较低的材质主要包括混凝土、石材、金属和水泥砖等，这些材质的共性是导热系数较高，其表面温度随环境温度变化比较明显，不适合与人体产生直接接触。此外，寒地城市街道冬季融雪剂的大量使用要求街道公共设施材质具有较好的耐盐性，而混凝土、金属和水泥砖的耐盐性较差，需要做特殊的处理和防护工作。由此可见，比较适合寒地城市街道公共设施使用的材质主要有木材、塑料、藤条以及复合材料，这些材质在导热性能、造价、色彩、形态等方面都具有很大的优势，可以更好地满足人们对街道公共设施的使用需求，带来相对愉快的使用感受。

表 11-1　我国寒地城市街道公共设施常用材质分析

材质	材质特性	舒适程度
木材	导热系数低，给人带来温暖感受	较高
混凝土	导热系数较高，易受到盐类腐蚀，需做特殊防护	较低
石材	导热系数高，夏季过热冬季过冷，不适合直接与人体接触	较低
塑料	导热系数较低，造价低，造型灵活，使用方便	较高
藤条	导热系数低，编织缝隙大利于冬季落雪，需做特殊防护	较高
金属	导热系数高，易受到盐类腐蚀，需做特殊处理	较低
水泥砖	导热系数高，造价低，易受到盐类腐蚀	较低
复合材料	导热系数较低，造型灵活，使用方便	较高

温暖舒适的材质在一年四季都可以为人们的街道活动带来温馨的感受，尤其针对寒地城市冬季的寒冷气候，人们在街道中需要更多的人性关怀，只有这样才能有更多的人停留在街道中休息、闲谈、玩耍，无形中活跃了寒地城市街道的冬季氛围。街道中休息座椅是人们经常使用的公共设施之一，在瑞典斯德哥尔摩的街道两侧就摆设了很多配有海绵坐垫的木质座椅（图 11-5），当人们在街道中走累了，就可以坐下来很舒服地休息，顺便喝杯咖啡，看着街上的行人，品味闲适的城市生活，座椅舒适的材质和良好的景观提高了其使用效率，一年四季都会有人愿意坐在这里休息、聊天。再如德国法兰克福街道中的休息座椅与景观绿化相结合（图 11-6），软木的材质使休息座椅在全年都可以为人们提供良好的感受，周围树木随着季节而产生的色彩和形态变化也给人们带来了良好的视觉享受。因此，寒地城市街道中应该尽量多地设置具有舒适体验的休息座椅，让人们有更多的机会停留在街道中，以增加寒地城市的街道活力。

图 11-5　瑞典斯德哥尔摩街边　　　　图 11-6　德国法兰克福街头与
　　　具有软垫的木质座椅　　　　　　　景观绿化结合的木质座椅

11.2.2　设施色彩的温和搭配

寒地城市冬季气候寒冷漫长，积雪覆盖地面的时间较长，为了调节灰暗的环境氛围，寒地城市街道公共设施的色彩应以暖色调为主，尽量选择明度适中、饱和度高的色彩，即使在漫天白雪的冬季，也可以给人们带来温暖和欢乐的感受。寒地城市街道中公共设施色彩的温和搭配可以使人在色彩的丰富变化中，体会到活泼愉快、富有生机的街道氛围，打破寒地城市街道给人留下的沉闷心理感受。

不同的色彩会给人带来不同的心理感受，寒地城市街道公共设施的色彩搭配对人的使用感受具有明显的影响作用，见表 11-2，比较适合寒地城市街道公共设施的色彩主要包括黄色、绿色、蓝色和橙色等，这些色彩温和鲜明而不失活跃的感受，尤其是在冬季，这些色彩与白雪以及周围灰暗的色调形成强烈对比，起到很好的调节作用，可以给人们带来轻松愉快的心理感受。而黑色和紫色等暗色调的色彩相对不适合用在寒地城市街道公共设施中，这类色彩容易给人带来压抑、迷茫的情绪，尤其是在寒冷的冬季，城市街道周围环境都很素雅沉重，又没有鲜明色彩的调剂，会导致整个街道笼罩在肃穆的气氛之中，使寒地城市街道在冬季里变得更加沉闷而丧失更多的活力。

表 11-2　寒地城市街道公共设施色彩分析

颜色	色彩特征	适宜程度
白色	洁白无瑕，明度高，让人感到安静、优雅	一般
黄色	欢快鲜明，饱和度适中，给人带来温暖的感觉	适宜
橙色	温和浑厚，饱和度较高，给人带来活跃、欢快的感受	较适宜
红色	强烈活泼，饱和度高，色彩鲜艳突出，使人兴奋	一般
绿色	平和安静，明度适中，带给人生机和希望	适宜
蓝色	冷静稳定，饱和度适中，使人感到安定、温馨	适宜
紫色	神秘优雅，明度较低，容易使人陷入思索	不适宜
黑色	稳定凝重，明度低，容易带给人压抑、迷茫的情绪	不适宜

具有鲜明活泼色彩的寒地城市街道公共设施可以给人积极向上的心理暗示，有效缓解冬季寒冷气候造成的封闭感和压抑感，如图 11-7 所示，加拿大多伦多市某街道的路灯在冬季里用绿色的松枝和暖黄色的彩灯进行了装饰，使人眼前一亮，带来新鲜活跃的街道感受，绿色的松枝被设计成花环和花篮的形状，并用红色和金色的装饰物进行适当点缀，

配合着星星点点的彩灯，使冬季里的街道不再给人冷冰冰的感受，带有很多节日气氛，可以吸引街道中行人的注意力，为街道生活提供更多的乐趣。

图 11-7　加拿大多伦多市街道中经过装饰的路灯

11.3　公共设施细部的抗寒防护

寒地城市街道中公共设施的舒适度在很大程度上决定了人们对其的使用频率，经过良好细部处理的公共设施可以给人带来更加惬意的使用体验，寒地城市冬季气候寒冷，具有抗寒防护措施的公共设施细部处理会给人带来相对温暖的感受，改善人们的冬季街道活动体验，延长人们在街道中的逗留时间，对寒地城市街道的冬季活力提升具有重要作用。

11.3.1　设施的冬季防滑

寒地城市冬季里经常遇到雨雪天气，街道公共设施表面容易结冰而给行人带来很多不便和安全隐患，因此，冬季防滑是寒地城市街道公共设施需要着重考虑的细部处理因素，要注意街道公共设施表面的材质选择，尤其对于有坡度的表面应适当设置特殊防滑处理，给人们创造安全、亲切、愉快的街道活动环境。

寒地城市街道冬季里的防滑重点是人们经常活动的区域，与人体接触较多的是街道表面、台阶表面、街道活动设施表面等，只有将这些部位做好防滑处理，才能保证人们在冬季里进行街道活动时的安全，可以有效提高人们的冬季街道活动质量。因此，笔者对我国寒地城市街道设施中常见的表面处理方式进行了总结和防滑性能分析，见表 11-3，其中防滑性能较好的是表面粗糙度较大的处理方式，例如块石、混凝土砖等，利用这些材料铺贴的步行道还具有良好的排水性能，有助于冬季雨雪的迅速排除，尤其是初春季节里，融化的积雪如果不能及时排除将使路面重复结冰，会给人们的街道活动造成更大的威胁。值得注意的是卵石虽然铺贴后的表面粗糙度较大，但由于其本身光滑圆润，因此防滑效果较差，并不适宜在寒地城市街道中大面积使用。因此，表面比较光滑的材料不适宜在寒地城市街道中使用，例如铺贴大理石碎片的表面等，这种类型的材料铺贴方式具有很好的装饰效果，但是冬季防滑性能较差，尤其是在具有一定坡度的地面中，应尽量避免使用。

表 11-3   我国寒地城市街道设施常见表面处理方式的防滑性能分析

处理方式	特点	防滑性能
铺贴块石	表面粗糙度较大，耐久性好，牢固美观	较好
铺贴石板	表面比较平整，牢固耐用，造价较高	一般
铺贴混凝土砖	表面粗糙度较大，整齐美观，色彩选择丰富	较好
铺贴大理石碎片	表面比较光滑，装饰性强，尽量避免在坡地使用	差
铺贴卵石	表面凹凸不平，排水性能好，光滑耐磨且装饰性强	较差

为了取得更好的防滑效果，寒地城市街道公共设施表面还可以采用一些附加的防滑措施，例如在设施表面增设防滑条或进行特殊的凹凸处理等，还可以在有台阶或坡度的地方设置提示信息，让人们在这一区域活动时提高警惕，尽量避免冬季冰雪给人们街道活动带来的威胁。

11.3.2 设施的防寒保暖

寒地城市冬季较低的室外温度是影响人们使用街道公共设施的主要因素之一，很多人在冬季里都不愿意外出而长时间留在室内，给寒地城市街道的冬季活力带来巨大的消极影响。对寒地城市街道公共设施采取有效的防寒保暖措施可以给人们在冬季创造更加舒适的街道活动环境，为人们在街道中的长时间逗留提供了先决条件，对寒地城市街道的冬季活力激发起到了很好的促进作用。

具有防寒保暖措施的寒地城市街道公共设施不仅可以给人们的必要性街道活动带来更加舒适的体验，还可以为人们的社交性街道活动提供更多的机会。寒地城市街道公共设施的防寒保暖主要是对其周边区域进行有效遮蔽，并可以进一步设置辅助热源，如取暖灯等发热装置，以此保证人们在使用街道公共设施时的环境舒适度，进而增加人们使用寒地城市街道公共设施的频率和时长。在冬季的寒地城市街道中，大多数人都为长时间等待公交车而感到痛苦不堪，尤其是在室外温度极低的情况下，人们对交通工具的依赖性增强，对于诸如公交站台这类人们会长时间停留的公共设施应尽量做好防寒保暖措施。加拿大多伦多市对街道中的公交站台用透明玻璃进行了封闭处理，如图 11-8 所示，人们在等车时既可以躲避冬季寒风和低温的威胁，还可以透过玻璃观

图 11-8　加拿大多伦多市用
透明玻璃封闭的公交站台

图 11-9　美国明尼苏达州带有烤箱
设计理念的公交站台

察街道上的情况，在这样相对舒适的候车环境下，人们可以像在其他季节一样，拿出报纸杂志来阅读或和周围的人闲谈交流，享受美好的街道时光。美国明尼苏达州的街道公交站台与商业广告完美结合，运用烤箱的设计理念，如图 11-9 所示，在公交站台的顶部设置了取暖灯以满足冬季公交站台周围的局部供暖需求，富有创意的设计既达到了商业宣传的目的，又解决了冬季人们等车的取暖问题。

　　人们的大部分街道活动都要依托于街道公共设施，对于寒地城市街道而言，公共设施的冬季防寒保暖意味着其向人们发出了更加友好的活

动邀请，使人们愿意逗留在街道中进行更多的休闲娱乐活动，体验具有独特地域特色的寒地城市冬季街道生活，可以极大地提升寒地城市的冬季活力。

附　录

附录 A　世界范围内部分寒地城市气候条件

附表 A-1　世界范围内部分寒地城市气候条件列表

城市名称	国家	地理位置	月平均最低气温（℃）				
			11 月	12 月	1 月	2 月	3 月
哈尔滨	中国	45°45′N 128°39′E	− 10. 1	− 19. 8	− 23. 9	− 19. 8	− 9. 5
佳木斯	中国	46°47′N 130°19′E	− 10. 8	− 20. 4	− 24. 0	− 20. 2	− 10. 7
齐齐哈尔	中国	47°21′N 123°55′E	− 11. 3	− 20. 4	− 23. 7	− 19. 3	− 10. 1
长春	中国	43°53′N 125°19′E	− 7. 8	− 16. 0	− 19. 7	− 15. 8	− 7. 4
四平	中国	43°09′N 124°21′E	− 6. 7	− 14. 6	− 18. 4	− 14. 7	− 6. 2
沈阳	中国	41°47′N 123°26′E	− 4. 2	− 12. 1	− 16. 1	− 12. 2	− 3. 8
本溪	中国	41°18′N 123°46′E	− 4. 8	− 12. 8	− 16. 9	− 12. 7	− 4. 3
抚顺	中国	41°52′N 123°57′E	− 6. 9	− 15. 7	− 20. 1	− 15. 6	− 6. 5
呼和浩特	中国	40°50′N 111°44′E	− 7. 0	− 14. 2	− 16. 8	− 12. 8	− 5. 5
赤峰	中国	42°15′N 118°53′E	− 6. 5	− 13. 2	− 16. 3	− 13. 4	− 6. 3
多伦多	加拿大	43°42′N 79°24′W	2. 3	− 3. 1	− 6. 7	− 5. 6	− 1. 9
渥太华	加拿大	45°25′N 75°41′W	− 2. 4	− 10. 1	− 14. 8	− 12. 7	− 7. 0
蒙特利尔	加拿大	45°30′N 73°34′W	− 0. 2	− 8. 9	− 12. 4	− 10. 6	− 4. 8
魁北克城	加拿大	46°49′N 71°13′W	− 4. 3	− 13. 4	− 17. 6	− 16. 0	− 9. 4
温尼伯	加拿大	49°53′N 97°08′W	− 9. 2	− 17. 8	− 21. 4	− 18. 3	− 10. 7
卡尔加里	加拿大	51°03′N 114°04′W	− 8. 2	− 12. 8	− 13. 2	− 11. 4	− 7. 5
埃德蒙顿	加拿大	53°32′N 113°30′W	− 8. 2	− 13. 1	− 14. 8	− 12. 5	− 7. 2
乔治王子城	加拿大	53°55′N 122°44′W	− 6. 3	− 11. 7	− 13. 6	− 10. 0	− 5. 5

（续）

城市名称	国家	地理位置	月平均最低气温（℃）				
			11 月	12 月	1 月	2 月	3 月
耶鲁奈夫	加拿大	62°28′N 114°27′W	—	-23	-27	-24	—
萨斯卡通	加拿大	52°08′N 106°41′W	-10.7	-18.3	-20.7	-17.8	-10.5
圣彼得堡	俄罗斯	59°57′N 30°18′E	-1.8	-6.1	-8.0	-8.5	-4.2
莫斯科	俄罗斯	55°45′N 37°37′E	-3.3	-7.6	-9.1	-9.8	-4.4
伊尔库茨克	俄罗斯	52°18′N 104°17′E	-11.8	-19.3	-22.0	-19.8	-12.3
鄂木斯克	俄罗斯	54°59′N 73°22′E	-10.5	-17.9	-20.5	-19.4	-12.0
新西伯利亚	俄罗斯	55°01′N 82°56′E	-10.3	-18.3	-20.9	-19.5	-12.8
车里雅宾斯克	俄罗斯	55°09′N 61°22′E	-5.9	-14.6	-19.0	-18.9	-9.3
叶卡捷琳堡	俄罗斯	56°50′N 60°35′E	-8.3	-13.7	-15.7	-14.5	-7.6
乌兰巴托	蒙古	47°55′N 106°55′E	-16.2	-23.8	-26.5	-24.1	-15.4
基辅	乌克兰	50°27′N 30°31′E	0.0	-4.6	-5.8	-5.7	-1.4
明斯克	白俄罗斯	53°54′N 27°34′E	-1.3	-5.5	-6.7	-7.0	-3.3
斯德哥尔摩	瑞典	59°19′N 18°4′E	1.0	-3.0	-5.0	-5.0	-3.0
哥德堡	瑞典	57°42′N 11°58′E	1.0	-3.0	-4.0	-5.0	-2.0
柏林	德国	52°31′N 13°23′E	2.2	-0.4	-1.5	-1.6	1.3
汉堡	德国	53°33′N 10°00′E	2.4	0.0	-1.4	-1.2	1.1
奥斯陆	挪威	59°57′N 10°45′E	-1.0	-5.0	-7.0	-7.0	-3.0
特隆赫姆	挪威	63°25′N 10°23′E	0.2	-5.0	-3.5	-5.4	-0.8
赫尔辛基	芬兰	60°10′N 24°56′E	-0.6	-4.5	-6.5	-7.4	-4.1
图尔库	芬兰	60°27′N 22°16′E	-1.6	-5.6	-7.3	-8.3	-4.9
奥卢	芬兰	65°01′N 25°28′E	-5.9	-12.1	-15.4	-14.7	-10.1
瓦萨	芬兰	63°06′N 21°37′E	—	-5	-7	-7	—
雷克雅未克	冰岛	64°08′N 21°56′W	-0.5	-1.8	-2.4	-2.4	-1.9
哥本哈根	丹麦	55°40′N 12°34′E	2.7	-0.5	-2.0	-2.4	-0.6
青森	日本	40°49′N 140°45′E	2.4	-1.6	-4.3	-4.3	-1.8
旭川	日本	43°46′N 142°22′E	-1.6	-7.9	-12.6	-12.6	-7.5
札幌	日本	43°4′N 141°21′E	1.3	-4.1	-7.0	-6.6	-2.0

（续）

城市名称	国家	地理位置	月平均最低气温（℃）				
			11月	12月	1月	2月	3月
芝加哥	美国	41°52′N 87°37′W	1.4	-5.2	-7.7	-5.7	-0.6
底特律	美国	42°19′N 83°02′W	1.3	-4.4	-7.2	-6.1	-1.9
密尔沃基	美国	43°03′N 87°57′W	0.0	-6.6	-9.1	-7.1	-2.4
克利夫兰	美国	41°28′N 81°40′W	2.7	-3.1	-5.7	-4.7	-1.0
安克雷奇	美国	61°13′N 149°54′W	-2.6	-4.6	-11.4	-10.0	-7.2
印第安纳波利斯	美国	39°46′N 86°9′W	1.7	-4.2	-6.4	-4.5	0.4
明尼阿波利斯	美国	44°59′N 93°16′W	-3.2	-10.9	-13.6	-10.7	-4.3

资料来源：笔者根据 http：//www.theweathernetwork.com/statistics 统计数据整理。

附录 B　寒地城市街道重点调研取样

附表 B-1　我国寒地城市街道重点调研对象基本情况列表

重点调研对象	街道特征	调研过程	样本形态特征
哈尔滨中央大街	传统商业步行商业街	实地进行形态调研＋信息收集整理＋局部数据测量＋问卷调查	2~4层街道界面，中西合璧的街道建筑风格，具有丰富的街道细部和宜人的空间尺度
哈尔滨靖宇街	传统商业与居住混合街道	实地进行形态调研＋信息收集整理＋规划局信息整理	3~6层街道界面，与居住建筑结合紧密，生活气息浓厚，具有近人小尺度空间
哈尔滨果戈里大街	传统多功能混合型街道	实地进行形态调研＋信息收集整理＋网络信息收集整理＋问卷调查	4~10层街道界面，中西合璧的街道建筑风格，具有近人小尺度空间
长春重庆路	现代商业街	实地进行形态调研＋信息收集整理＋规划局信息整理＋问卷调查	6~10层街道界面，高强度开发使用空间，现代商业气氛浓厚

（续）

重点调研对象	街道特征	调研过程	样本形态特征
长春桂林路	现代商业与居住混合的街道	实地进行形态调研+信息收集整理+网络信息收集整理+问卷调查	4~6层街道界面，与居住建筑结合紧密，生活气息浓厚，具有近人小尺度空间
长春人民大街	现代多动能混合型街道	实地进行形态调研+信息收集整理+规划局信息整理	4~10层街道界面，现代街道建筑风格，街道空间尺度较大
沈阳中街	传统商业街道	实地进行形态调研+信息收集整理+网络信息收集整理+问卷调查	4~6层街道界面，历史与现代建筑混合，高强度开发使用空间，商业气氛浓厚

附表 B-2 我国寒地城市街道调查走访对象基本情况列表

参考对象	街道特征	调研过程
哈尔滨长江路	现代多功能混合型街道，以交通功能为主	走访式调研+实地进行形态调研+信息收集整理+网络信息收集整理
哈尔滨南二道街	传统商业与居住混合街道	走访式调研+实地进行形态调研+问卷调查+网络信息收集整理
哈尔滨建设街	现代商业与居住混合型街道	走访式调研+实地进行形态调研+问卷调查+网络信息收集整理
齐齐哈尔广信路	居住为主结合小型商业的街道	走访式调研+实地进行形态调研+信息收集整理+网络信息收集整理
大庆建设路	现代多功能混合型街道	走访式调研+实地进行形态调研+网络信息收集整理
长春西康路	现代商业与居住混合的街道	走访式调研+实地进行形态调研+问卷调查+网络信息收集整理
长春红旗街	现代商业街	走访式调研+实地进行形态调研+信息收集整理
长春文明路	现代多功能混合型街道	走访式调研+实地进行形态调研+问卷调查+信息收集整理

（续）

参考对象	街道特征	调研过程
吉林 辽北路	现代商业与居住混合的街道	走访式调研 + 实地进行形态调研 + 信息收集整理 + 网络信息收集整理
松原 青年大街	现代多功能混合型街道，以交通功能为主	走访式调研 + 实地进行形态调研 + 信息收集整理
沈阳 太原街	现代多功能混合型街道	走访式调研 + 实地进行形态调研 + 问卷调查 + 网络信息收集整理
沈阳 小东路	现代密集型商业步行街	走访式调研 + 实地进行形态调研 + 问卷调查 + 网络信息收集整理
沈阳 沈阳路	传统文化与小型商业结合的街道	走访式调研 + 实地进行形态调研 + 信息收集整理 + 网络信息收集整理 + 问卷调查
鞍山 工人街	现代多功能混合型街道	走访式调研 + 实地进行形态调研 + 信息收集整理
抚顺 新城二街	居住为主结合小型商业的街道	走访式调研 + 实地进行形态调研 + 信息收集整理
辽阳曙光路 步行街	商业步行街	走访式调研 + 实地进行形态调研 + 信息收集整理 + 网络信息收集整理

附表 B-3　我国寒地城市街道取样的基本形态列表

研究样本	范围选择	调研内容	样本形态
哈尔滨 中央大街	西十二道街至西五道街约470m	街道空间界面功能混合程度，街道重点区域的冬季温度数据测量	
哈尔滨 靖宇街	南七道街至南十四道街约560m	街道 D/H 数值，街道 D/H 数值变化幅度	

（续）

研究样本	范围选择	调研内容	样本形态
哈尔滨果戈里大街	人和街至革新街约440m	街道 D/H 数值，街道界面材质的使用数量，街道界面材质分布密度	
长春重庆路	西安大路至人民大街约530m	街道 D/H 数值，街道 D/H 数值变化幅度	
长春桂林路	新疆街至同志街约530m	街道界面材质的使用数量，街道界面材质分布密度	
长春人民大街	重庆路至新发路约440m	街道 D/H 数值，街道 D/H 数值变化幅度	
沈阳中街	正阳街至朝阳街约520m	街道空间界面功能混合程度，街道界面材质的使用数量，街道界面材质分布密度	

资料来源：根据笔者实地调研走访成果整理。

参 考 文 献

［1］梅洪元．寒地建筑［M］．北京：中国建筑工业出版社，2012．

［2］李博．城市"优先混合"街道之人本主义探讨［C］．昆明：2012 中国城市规划年会论文集，2012：2059．

［3］姜洋，王悦，解建华，等．回归以人为本的街道：世界城市街道设计导则最新发展动态及对中国城市的启示［J］．国际城市规划，2012（5）：65．

［4］盖尔．交往与空间［M］．何人可，译．北京：中国建筑工业出版社，2002：12，35．

［5］丁翔．"人本"的城市街道空间设计初探［D］．广州：华南理工大学，2001：82．

［6］陈丽艳．论思想政治教育的人本价值［J］．陕西职业教育学院学报，2008（12）：16．

［7］孙其昂，胡沫．思想政治工作的人本价值［J］．湖北社会科学，2002（2）：87．

［8］曹莉蕊．回归人本的设计——对设计心理学应用之探讨［J］．艺术与设计，2012（4）：37．

［9］廖建桥．人因工程［M］．北京：高等教育出版社，2006：42．

［10］车文博．人本主义心理学［M］．杭州：浙江教育出版社，2003：124，129．

［11］扬·盖尔．人性化的城市［M］．欧阳文，徐哲文，译．北京：中国建筑工业出版社，2010：21，41，138，147，141，175，201，203．

［12］金广君．国外现代城市设计精选［M］．哈尔滨：黑龙江科学技术出版社，1995：95．

［13］JENNIFER EBERBACH. Maintain Momentum During the Off-Season［J］. The Review, 2010（2）：20．

［14］GARRETT NEESE. Jibba Jabba Rail Jam a Success［J］. Daily Mining Gazette, 2009（1）：27．

[15] 芦原义信. 街道的美学(含续街道的美学)[M]. 尹培彤, 译. 天津: 百花文艺出版社, 2006: 74.

[16] EDWARD T HALL. The Hidden Dimension[M]. New York: Doubleday Press 1966: 60.

[17] 苑思楠. 城市街道网络空间形态定量分析[D]. 天津: 天津大学, 2011: 41.

[18] 韩然屹. 基于知觉体验的城市街道空间演变研究[D]. 大连: 大连理工大学, 2012: 11.

[19] 王晓, 闫春林. 现代商业建筑设计[M]. 北京: 中国建筑工业出版社, 2005: 163.

[20] MICHAEL VARMING, Motorveje i landskabet[R]. Hørsholm: Statens Bygge-fors-knings Institut[J]. SBi, byplanlgning, 1970: 12.

[21] JAN GEHL. Mennesker til fods[M]. Arkitekten, 1968: 20.

[22] 张琴. 回归城市街道空间的人文场所性[J]. 设计艺术研究, 2013(4): 63.

[23] 托马斯·赫尔佐格. 立面构造手册[M]. 香港: 香港时代出版社, 2008: 230, 261.

[24] 孙巍, 莫畏. 长春城市色彩特征及规划探析[J]. 吉林建筑工程学院学报, 2012(10): 31.

[25] 范光华. 顺应气候特征的寒地城市公共空间设计策略[J]. 黑龙江科技信息, 2013(4): 258.

[26] ROSE MARIE STEINSVIK Challenging Winter Frontiers. Winter Cities[J]. 2004(8): 14.

[27] http://www.stthomas.edu/law/academics/library[OL].

[28] http://www.cyburbia.org/gallery/showphoto.php/photo/13579/title/saint-paul-skyway-map[OL].

[29] 刘德明. 美国和加拿大城市商业中心区的非地面层步道系统[J]. 世界建筑, 1989(6): 14.

[30] 高洁. 城市人行天桥功能复合及系统化设计研究[D]. 武汉: 华中科技大学, 2006: 61.

[31] GIDEON S · GOLANY. Earth-Sheltered Dwellings in Tunisia：Ancient Lessons for Morden Design［M］. Newark，DE：University of Delaware Press，1998：84.

[32] 赵寅钧. 浅析寒地城市地下商业空间设计[J]. 四川建筑，2011(1)：67.

[33] 徐永健，闫小培. 城市地下空间利用的成功实例——加拿大蒙特利尔市地下城的规划与建设[J]. 城市问题，2000(6)：56.

[34] 张俊芳. 北美大城市中心区步行街区的发展与规划[J]. 国外城市规划，1995(2)：47.

[35] 王文卿. 城市地下空间规划与设计[M]. 南京：东南大学出版社，2000：86，88.

[36] 童林旭. 地下建筑图说[M]. 北京：中国建筑工业出版社，2006：56，71，73.

[37] 陈宇. 艺术之旅——斯德哥尔摩地铁站巡航[J]. 室内设计与装修，2007(5)：112.

[38] 王宝勇，束昱. 影响城市地下空间环境的因素分析[J]. 同济大学学报，2000(12)：656.

[39] 宿晨鹏. 城市地下空间集约化设计策略研究[D]. 哈尔滨：哈尔滨工业大学，2008：118.

[40] 陈喆，马水静. 关于城市街道活力的思考[J]. 建筑学报，2009(9)：121.

[41] JAN GEHL. Public Spaces for a Changing Public Life[J]. Topos：European Landscape Magazine，2007(61)：16-22.

[42] 常怀生. 建筑环境心理学[M]. 北京：中国建筑工业出版社，1999：213-224.

[43] 杨瑾. 城市街道的人性化研究分析[D]. 西安：西安建筑科技大学，2011：14.

[44] 王亚莎. 传统意向的再生——现代居住性街道空间设计研究[D]. 武汉：华中科技大学，2004：24，34.

[45] 姜蕾，杨东峰. 城市街道活力的定量评价方法初探[C]. 昆明 2012 中国城市规划年会论文集，2012：1001.

[46] SCOTT MACLNNES. Houghton：Undeniably A Winter Community[J]. The Re-

view，2010(2)：18.

[47] 邱德华．基于地域文化的城市形象设计策略研究[D]．苏州：苏州科技学院，2009：42.

[48] 陈宇．城市街道景观设计文化研究[D]．南京：东南大学，2006：12.

[49] 杨洋．沈阳城市街道设施通用设计研究[D]．沈阳：沈阳航空航天大学，2013：20.

[50] 刘佳燕，邓翔宇．权利、社会与生活空间——中国城市街道的演变和形成机制[J]．城市规划，2012(11)：78.

[51] 付博．基于GIS和遥感的长春市宜居性环境评价研究[D]．长春：吉林大学，2011：14.

[52] 贾雄飞．"反设计"视角下我国东北寒地城市特色研究[D]．西安：长安大学，2012：21.

[53] 喻斐．传统街巷人性化研究[J]．山西建筑，2008(3)：31.

[54] 梅洪元，张向宁，林国海．东北寒地建筑设计的适应性技术策略[J]．建筑学报，2011(9)：10.

[55] 许大为．气候背景下寒地城市植物景观设计的价值取向[J]．风景园林，2012(5)：146.

[56] 胡海辉，徐苏宁．黑龙江自然植物群落调查与寒地城市绿化模拟策略[J]．中国园林，2013(8)：107.

[57] 孙凤丹．寒地城市广场空间水景设计探讨[J]．中国园艺文摘，2013(2)：116.

[58] 张蕾，张伟明，林华．寒地城市户外亲水设施规划设计[J]．装饰，2012(11)：122.

[59] 张明莹．城市街道的人性化设计[J]．科技信息，2011(20)：116.

[60] JAN GEHL. Stadsrum&stadsliv i Stockholms city[M]. Stockholm：Stockholms Fastighetskontor and Stockholms，1990：10.